农业生态实用技术丛书

河西走廊
和沿黄灌区间套作种植技术

HEXI ZOULANG HE YANHUANGGUANQU JIANTAOZUO ZHONGZHI JISHU

农业农村部农业生态与资源保护总站　组编

李　隆　主编

U0257563

中国农业出版社
北　京

农业生态实用技术丛书
编 委 会

本书编写人员

主　　编　李　隆

副 主 编　许华森　包兴国　杨思存

　　　　　王　平

参编人员（以姓氏笔画为序）

　　　　　王成宝　卢秉林　孙宁科

　　　　　吴科生　沈强云　张久东

　　　　　罗瑞萍　赵建华

序

　　中共十八大站在历史和全局的战略高度，把生态文明建设纳入中国特色社会主义事业"五位一体"总体布局，提出了创新、协调、绿色、开放、共享的发展理念。习近平总书记指出："走向生态文明新时代，建设美丽中国，是实现中华民族伟大复兴的中国梦的重要内容。"中共中央、国务院印发的《关于加快推进生态文明建设的意见》和《生态文明体制改革总体方案》，明确提出了要协同推进农业现代化和绿色化。建设生态文明，走绿色发展之路，已经成为现代农业发展的必由之路。

　　推进农业生态文明建设，是贯彻落实习近平总书记生态文明思想的必然要求。农作物就是绿色生命，农业本身具有"绿色"属性，农业生产过程就是依靠绿色植物的光合固碳功能，把太阳能转化为生物能的绿色过程，现代化的农业必然是生态和谐、资源可持续、环境友好的农业。发展生态农业可以实现粮食安全、资源高效、环境保护协同的可持续发展目标，有效减少温室气体排放，增加碳汇，为美丽中国提供"生态屏障"，为子孙后代留下"绿水青山"。同时，农业生态文明建设也可推进多功能农业的发展，为城市居民提供观光、休闲、体验场所，促进全社会共享农业绿色发展成果。

农业生态文明思想起源于古老的中国，中国自春秋时期就懂得用地养地的道理以及物理杀虫、人工除草等做法。农牧结合、稻田养鱼、桑基鱼塘等农业生态模式在历史上曾经极大推动了文明和经济的发展。当前，我国农业生态文明建设已进入提供更多优质生态产品以满足人民日益增长的优美生态环境需求的攻坚期，也到了有条件、有能力发展环境友好农业的窗口期。多年来，从事农业生态研究的学者和实践者扎根农业生产一线，按"整体、协调、循环、再生"的原则，围绕农业生态文明建设开展了广泛、系统的实践和研究，探索总结出了丰富多样的应用技术。

为推广农业生态技术，推动形成可持续的农业绿色发展模式，从2016年开始，农业农村部农业生态与资源保护总站联合中国农业出版社，组织数十位业内权威专家，从资源节约、污染防治、废弃物循环利用、生态种养、生态景观构建等方面，多角度、多要素、多层次对农业生态实用技术开展梳理、总结和归纳，系统构建了农业生态知识体系，编写形成了《农业生态实用技术丛书》。丛书中的技术实用、文字简洁、步骤详尽、脉络清晰，技术可推广、模式可复制、经验可借鉴，具有很强的指导性和适用性，将为广大农民朋友、农业技术推广人员、管理人员、科研人员开展农业生态文明建设和研究提供很好的参考。

2020年4月

在农业生产越来越集约化的背景下，农田生态系统中农作物物种趋向单一化，现代农业生产也追求整齐划一，造成了很多问题，如病虫害泛滥，连作障碍普遍，农药用量越来越多，土壤肥力下降，化肥用量越来越多，农业面源污染等。如何在不降低粮食产量的同时增加农田生态系统的生物多样性，做到用地和养地相结合，以及如何高效利用包括土地和养分在内的有限资源都是众所关注的重要问题。

间套作种植方式是我国传统农业的精髓之一，不仅能够高效利用土地和增加粮食单产，而且能够提高光、热、水、肥等资源的利用效率，减少化学肥料和农药用量。适当的作物搭配能够发挥生物固氮潜力，活化土壤中难以利用的磷素，还能够控制病虫害的发生。所以间套作被认为是非常重要的生态种植技术，是发展生态农业的重要措施。

河西走廊地区和甘肃省、宁夏回族自治区（简称宁夏）的沿黄灌区光照充足，但热量供应一季有余，两季不足，利用间套作种植方式能实现一年两熟，可明显增加单位土地面积的产量。20世纪90年代初，甘肃临泽县用小麦、玉米间套作（带田）成为了"吨粮县"。在甘肃河西走廊灌区大面积推广，为该地区粮食产量做出了积极贡献。

我国现代农业中间套作种植的模式和分布具有多样性。通过在中文数据库的检索，我们对中文期刊发表的相关间套作的种类分省进行了统计，发现间套作种植模式遍布我国每个省份(缺台湾、香港和澳门的数据)。全国间套作种类有200多种，总的特点是东部间套作种类多于西部，南方多于北方。

我们组织在甘肃和宁夏生产第一线从事间套作研究与推广的部分专家和技术人员对生产中常见的间套作模式进行了总结，期望对间套作种植方式的应用有所推动。

实际上，各编写人员也是多年来研究与应用间套作种植方面的合作者，多年工作在生产第一线，对间套作种植方式深有体会。在本书出版之际，非常感谢对本书编写提供帮助的各单位、同事、朋友。

编写过程中，我们争取做到内容的通俗、易懂和可操作性强。因水平有限，不足之处在所难免，敬请读者指正。

编　者

2019年6月

目 录

一、概　述

　　间套作是间作和套种的简称，是指同一地块同一生长期或者某段生长期内至少有两种或两种以上作物生长的种植方式（图1）。其中，间作是指在同一地块上于同一生长期内，分行或分带相间种植两种或两种以上作物的种植方式。分带是指间作作物成多行或占据一定幅宽的相间种植，形成带状间作，生产中这种形式的种植方式比较普遍。河西走廊和沿黄灌区农民也称之为带田。分行相间种植的方式也称之为行间作，由于操作不便，特别是不便机械化作业，因此生

图1　间套作是我国传统农业精髓之一

产中较少见。套作是指在同一地块，第一种作物进入生殖生长后，在其成熟前播种第二种作物，两种作物共同生长期相对比较短的种植方式。在生产实践中，我们会经常看到，两种作物播种的时间和成熟的时间相差比较大，两种作物不一定同时种、同时收，但两种作物又具有较长的共同生长期，既不是间作又不是套作，我们称之为间套作。如在西北广泛应用的小麦、玉米间套作和小麦、大豆间套作等，小麦播种时间比玉米或者大豆早1个月，收获早2个月左右，两作物的共同生长期大约在3个月。

间套作是一种历史悠久的种植体系，在我国传统农业和现代农业中有重要贡献。作为一种存在了数千年的农艺措施，间套作不仅能够高效利用土地和增加单位面积粮食产量，而且能够提高光、热、水、肥等资源的利用效率，减少化肥施用量和化学农药使用量等。

具体来说，主要有如下重要的生态功能：

（1）提高单位面积土地的生产力。例如，在北欧地区，豌豆、大麦间作体系的籽粒产量显著高于单作体系，每亩*产量高达307千克。在印度，水稻与花生或者木豆间作，水稻的收益都要优于单作，与花生间作的水稻产量最高；大豆、木豆间作体系，大豆的平均产量比单作大豆高60%。相关研究结果也表明，蚕豆、玉米间作体系，玉米的平均籽粒产量比单作玉米增加了43%，蚕豆的平均籽粒产量比单作蚕豆增加了26%。在小麦、玉米间作体系和小麦、大

---

* 亩为非法定计量单位，15亩＝1公顷。

豆间作体系中，小麦籽粒产量分别比单作小麦增加40%～70%和28%～30%，玉米增产19%～32%，大豆增产0～12%。油菜间作玉米、蚕豆间作玉米、鹰嘴豆间作玉米和大豆间作玉米体系平均总的籽粒产量比相应的单作体系分别提高30.7%、24.4%、44.6%和39.1%。另外，在贫瘠的新开垦土壤上的研究表明，蚕豆间作玉米接种根瘤菌，间作玉米平均籽粒产量增幅30%～197%，间作蚕豆平均籽粒产量增幅0～31%。

（2）增加农田的生物多样性（图2）。间套作正是由于在同一地块、同一时间至少生长两种或两种以上的作物，无论是从外部表现及内部冠层结构，还是根系在土壤空间的分布上，都彻底改变了集约化农田整齐划一的外观和内部结构，增加了农田作物的多样性。由于不同物种的根系分泌物组成不同，根系本身的成分也不同，作物多样性的改变，从而引起土壤生物的多样性变

图2　间套作增加农田生物多样性

化，例如蚯蚓和微生物群落的结构关系变化等。

（3）增加养分循环，提高氮磷肥的利用率。有研究表明，选择合适的作物与豆科作物间套作，可以增加豆科作物的生物固氮能力，从而降低化学氮肥的投入，还能活化土壤中的磷，节约磷肥投入。施用相同氮肥用量或者磷肥用量的条件下，间作相对于单作可以提高氮肥和磷肥的当季回收率。

（4）提高作物可食部分微量元素含量，提升营养价值。微量元素是人体必需的营养元素，通过栽培措施强化作物可食部分的微量元素含量，不仅有利于增加产量，也有利于增加食用部分的附加值。研究发现，在花生、玉米间作体系中，花生籽粒中的铁含量比单作花生高1.43倍，小麦、鹰嘴豆间作体系中，鹰嘴豆籽粒锌含量比单作鹰嘴豆高2.82倍。

（5）合适的物种组合还可以提高饲草的营养品质等。如豆科和禾本科间作或混作，相对于单作禾本科牧草，可以大幅度提高牧草的蛋白质含量。

（6）控制病虫草害。云南农业大学朱有勇院士课题组发现将稻瘟病敏感品种与抗病品种间作可以显著控制敏感品种糯稻的稻瘟病。稻瘟病敏感品种糯稻的病情指数下降94，产量增加89%。研究还发现，玉米和烟草间作可以使玉米叶枯病发病率下降17.0%～19.7%；玉米和甘蔗间作，玉米的叶枯病发病率下降55.9%～49.6%；玉米和马铃薯间作，玉米叶枯病发病率下降30.4%～23.1%，并且马铃薯晚疫病发病率也下降32.9%～39.4%（图3）。

图3　玉米和马铃薯间作

　　（7）间套作作物搭配得当，能够在一定程度上降低作物的连作障碍。

　　（8）长期间套作种植，可以维持或者改善土壤肥力。在西北不同土壤上进行的定位试验表明，间作相对于单作，对于低肥力（新开垦）土壤可改善土壤肥力，对高肥力土壤能够保持土壤肥力。

　　如果作物搭配不当，或者行比、带型等配置不合适，作物之间会强烈竞争光、热、水和养分等资源，导致产量下降。合适的作物组合可以强化作物之间的相互作用，减弱作物之间的竞争作用，从而提高生产力。例如，蚕豆比较耐阴，能够活化磷，还具有生物固氮特性，和玉米间作后二者都获利，可组成互利互惠的种植体系。

　　间套作大面积的应用还需要发展相关的配套机械，才能比较容易推广应用。近年来，玉米、大豆间作的机械化播种和收获方面取得了进展，为间套作大面积推广提供了一些经验。

河西走廊和沿黄灌区地势平坦、土质肥沃，具有用地下水或引用黄河水灌溉的条件，是西北地区主要的商品粮基地和经济作物集中产区。但该区域因地处中纬度地带且海拔较高，热量资源并不丰富，表现为一季有余、两季不足。而间套作通过不同生育期作物的搭配，解决了这个难题，充分利用了光、热、水和养分等资源，在一熟制地区实现了一年两熟，提高了作物的单位面积产量和经济收益。

当地农民在长期的生产实践中摸索出了各种间套作模式，在生产中发挥了重要作用。我们组织在甘肃省和宁夏回族自治区从事间套作研究与应用的一线科研人员，选择一些典型的种植模式进行总结，期待对间套作模式的发扬光大起到抛砖引玉的作用。

河西走廊地区包括甘肃省武威市的凉州区、古浪县、民勤县、天祝藏族自治县，金昌市的金川区、永昌县，张掖市的甘州区、山丹县、民乐县、临泽县、高台县、肃南裕固族自治县，嘉峪关市，酒泉市的肃州区、玉门市、敦煌市、金塔县、瓜州县、肃北蒙古族自治县、阿克塞哈萨克族自治县。

沿黄灌区（甘肃—宁夏段）包括甘肃省临夏回族自治州的临夏市、临夏县、永靖县、广河县、和政县、康乐县、东乡族自治县、积石山保安族东乡族撒拉族自治县，兰州市的城关区、七里河区、西固区、安宁区、红古区、永登县、榆中县、皋兰县，定西市的安定区和临洮县，白银市的白银区、平川区、会宁县、靖远县、景泰县；宁夏回族自治区中卫市的沙坡头区、中宁县，吴忠市的利通区、青铜峡市，银川市的兴庆区、金凤区、西夏区、灵武市、永宁县、贺兰县，石嘴山市的大武口区、惠农区、平罗县。

二、河西走廊灌区间套作种植技术

（一）大豆、玉米间作模式

该种植模式采用的玉米覆膜技术在作物种植前期具有很好的增温保墒效果，能充分利用光、热、水、土资源；同时，大豆、玉米间作（图4），玉米与玉米间距达180厘米，玉米有极强的边际效应，对玉米行

图4　大豆、玉米间作

能起到相当大的通风透光作用，同时，又可阻碍玉米行间病虫害的传播，降低病虫害防治的成本；而且大豆具有生物固氮能力，能改善其氮素营养，从而提高体系的氮利用效率并减少化学肥料的使用，提高单位面积土地生产力和资源利用效率。该模式种植方法简单、便于机械化操作、适应性广、生产成本低，深受广大农民群众的欢迎，可作为种植业结构调整和发展高产优质高效农业的主导模式进行推广应用。

1.土壤、气候及适宜种植区域

（1）土壤。大豆、玉米间套作模式适宜土层深厚、疏松透气、结构良好的土壤，最佳土壤结构为土层厚度在1米以上，活土层厚度在30厘米以上，团粒结构应占30%～40%，总空隙度为55%左右，毛管孔隙度为35%～40%，土壤容重为1.0～1.5克/厘米^3，pH为7.5～8.3，排灌设施良好的农田。

（2）气候。大豆和玉米都性喜温暖，两种作物种子的最适萌发温度为16℃，在大豆、玉米生长发育过程中有效积温达到2 500～3 300℃时最适，并且无霜期应为120～160天。西北地区降水量不足，蒸发量大，在满足玉米需水的条件下，应尽量控制灌溉量，避免大豆徒长。

（3）适宜种植区域。该种植模式适宜甘肃省武威市的凉州区、古浪县、民勤县，金昌市的金川区、永昌县，张掖市的甘州区、山丹县、民乐县、临泽县、高台县，酒泉市的肃州区、玉门市、敦煌市、金塔县、瓜州县。

2.整地及施基肥

（1）整地。在11月灌足冬水，每亩用水100米^{3}为宜。于翌年4月上旬地温稳定通过10℃后，每亩用农家肥2吨均匀撒施到大田中，再用旋耕机浅耕后耙糖镇压，保证土壤松、碎、平、净（图5）。

图5　机械整地

（2）施基肥。①施肥量。基肥每亩按12～15千克尿素（纯氮含量为46%）、10～20千克重过磷酸钙（纯氮含量为18%、纯磷含量为46%）施用，也可根据当地使用情况，将尿素和缓释肥混合施用。②施肥方法。播种前将基肥均匀播施到大田中，再耙糖镇压，使基肥均匀分布在耕作层中。

（3）覆膜。施肥后，在播种前根据土壤墒情提前5～10天用划线器按2.2米带幅划线，沿线用玉米除草剂进行60厘米封闭，用宽75厘米膜进行覆盖，膜两边各压土宽15厘米，保证膜采光面宽40厘米以上，并每隔2米用土打整齐一致的"腰带"，防止大风解膜。仅覆玉米带，大豆带不覆膜（图6）。

图6　机械覆膜

3.品种选择及种植规格

（1）品种选择。大豆品种选用中黄30（齐黄36、晋豆19、吉豆19）。玉米品种选用紧凑型、株高较矮、耐密植良种正德305（金凯5号、金穗4号等）。

（2）种植规格。株距为8～10厘米、行距为30厘米，每穴1粒，即每亩保苗9 095～11 369株。玉米株距10～14厘米、行距为40厘米，每穴1粒，即每亩保苗4 331～5 053株。玉米和大豆种植行间距为60厘米（图7）。

玉米行距　两作物　大豆行距
40厘米　　距离　　30厘米
　　　　　60厘米

图7　大豆、玉米间作种植规格

4.播种

（1）玉米。玉米在4月中下旬气温稳定通过10℃，土壤深10厘米处夜冻日消时播种为宜，用点种枪或滚葫芦播种，单粒，播到湿土为宜，播种深度4～5厘米。

（2）大豆。大豆适时晚播，当气温稳定通过10℃时，于4月26～30日播种，以避开5月上旬晚霜冻害，用点种枪或滚葫芦播种，单粒，播到湿土为宜，播种深度3～4厘米。

5.田间管理

（1）补苗和间苗。玉米间苗一般在两叶一心期，定苗一般在3～4叶期进行。间苗要根据苗相取舍，掌握去弱留强、间密存稀、留匀留壮的原则，选留大小一致、植株均匀、茎基扁粗的壮苗。间苗时如发现缺苗，可在前后两头各留双苗。如发现断垄严重，可用催芽3～4天露白的种子进行补苗，补苗以5月上旬为最佳。

大豆单叶展开至第一片复叶展开前，为人工间苗的适宜时期。间苗时去弱苗、病苗、杂苗，留大苗、壮苗、纯苗，按计划密度一次定苗。人工间苗应按计划密度留苗，尽量拔掉弱苗和可以分辨出的杂株。对于因缺苗没来得及补种的田块，应在大豆单叶到第一复叶展开期间进行移栽补苗，最晚在第二层复叶展开前移栽。移栽补苗时，应在阴天或晴天下午4时之后，将备用苗带土挖出（注意尽量不伤根、不散土），移栽到缺苗处后覆土、浇水，等水渗下后及时用土封盖。

（2）除草。播后苗前封闭除草，大豆播种后每亩用96%异丙甲草胺乳油或90%乙草胺乳油47～56毫升，对水30～40千克均匀喷雾进行封闭除草。苗后待玉米3～5叶、阔叶草2～4叶时，每亩选用75%噻吩磺隆可湿性粉剂0.7～1.0克，对水30～40千克定向喷雾，杂草发生早则低浓度早喷，喷后注意观察大豆是否发生药害（叶边缘发黄）；大豆在苗期5～6片叶、阔叶杂草3～4叶期，每亩选用25%氟磺胺草醚水剂80～100克，对水20～25千克在大豆行定向喷施，或大豆真叶期至1片复叶期施用75%噻吩磺隆可湿性粉剂0.7～1克；大豆2～3片复叶期对噻吩磺隆敏感，易发生药害，切忌喷施。

（3）病虫害防治。按当地常规防治技术进行，注意对玉米螟、黑潜蝇、病毒病、豆荚螟等的防治。豆秆黑潜蝇：每亩用50%辛硫磷乳油1 000倍液。红蜘蛛：每亩用73%炔螨特乳油3 000倍液。瘤黑粉、疫霉根腐病：每亩用50%甲基硫菌灵可湿性粉剂或65%代森锌可湿性粉剂100克对水50千克。斜纹夜蛾、豆荚螟和大豆食心虫：每亩用1%阿维菌素乳油2 000～3 000倍液或50%辛硫磷乳油1 000～1 500倍液。病毒病：控制蚜虫传播。

（4）灌溉。整个生育期灌溉4～5次，分别为玉米拔节期（约6月中旬）、玉米抽雄期（约7月上旬）、玉米灌浆初期（约7月底）、灌浆后期（约8月下旬），玉米成熟期（约9月上旬）。

若大豆灌水过多，土壤肥力又高，易造成植株徒长倒伏。应减少灌水量，以亩灌60米³为宜。按灌水4次计算，亩可节约80米³水。

（5）追肥。玉米拔节期结合头水亩追尿素10千克，大喇叭口期亩追尿素20千克，施肥方法为条施（图8）；大豆均不再单独追肥。

图8　条施追肥

6.收获

（1）玉米。玉米的成熟需经历乳熟期、蜡熟期、完熟期三个阶段。因玉米与其他作物不同，籽粒着生在果穗上，成熟后不易脱落，可以在植株上完成后熟作用。因此，完熟期是玉米的最佳收获期。完熟期外观特征：植株的中下部叶片变黄，基部叶片干枯，果穗包叶呈黄白色、松散，籽粒变硬，并呈现出本品种固有的色泽。收获时间一般在9月下旬至10月上旬。

（2）大豆。大豆收获时间9月中下旬，当大豆茎叶开始变黄、苗秆和豆荚已干，并呈现黑褐色时便可收获，收获时可用GY4D-2型自走式大豆收割机进行大豆收获或人工收获（图9和图10）。

图9　机械收获大豆

图10　收获大豆的机械

7.产量和经济效益计算

（1）目标产量。玉米：每亩产700～950千克。大豆：每亩产70～130千克。

（2）经济效益。以甘肃省张掖市甘州区为例，按当前市场价格计算，玉米、大豆带状复合种植模式，每亩可节约尿素20千克（32.6元）、磷酸氢二铵10千克（28元）、节水80米^3（49.6元）；增投成本大豆种子30元、2个人工160元。在玉米产量减少50.39千克的情况下，多收大豆100.98千克。亩产值增加419.24元，亩节本110.2元，亩增纯效益309.04元。

（二）蚕豆、玉米间套作模式

蚕豆、玉米间套作种植模式（图11）能充分利用光、热、水、土等自然资源，提高单位土地的利用效率，并且种植方法简单、便于操作、适应性广、生产成本低，深受广大农民群众的欢迎。据研究，蚕豆能够更好地利用土壤中其他植物难以利用的磷，主要是

图11　蚕豆、玉米间套作

因为蚕豆根系能够分泌一些特殊的物质，这些物质能够把被土壤固定的各种沉淀态的磷释放出来，成为有效磷，不仅供蚕豆自己利用，还能让种植在旁边的玉米吸收利用，使两种作物在缺磷的土壤中都能生长良好。不仅能够充分利用土壤中难以利用的磷，而且能够提高对磷肥的利用率，从而实现降低磷肥施用量的目的。

蚕豆是一种豆科植物。豆科植物与土壤中的根瘤菌共生形成瘤结，可以将空气中的氮气固定为植物可以利用的氮，是一种绿色有效的利用氮素的方式。然而，由于现代集约化农田大量施用氮肥，豆科作物也变"懒"了，不结瘤固氮，而是直接吸收土壤中丰富的有效氮，导致豆科作物生物固氮这一绿色利用氮素的方式被抑制。研究发现，当豆科作物和玉米这类非豆科作物间作时，豆科作物对土壤中的有效氮竞争能力远小于禾本科作物，这样禾本科作物可以优先获得土壤中的氮素，从而实现高产。对于豆科作物来说，由于竞争不到土壤中的有效氮，产生了缺氮的"饥饿感"，这样豆科作物就启动了其和根瘤菌的共生过程进行结瘤，实现自给自足的氮素供应。蚕豆和玉米在氮素利用上各取所需，前者以空气中的氮气为主，后者以土壤中的有效氮为主，减少了竞争，从而使二者在获得增产的同时，养分资源也达到了高效利用。

1.土壤、气候及适宜种植区域

（1）土壤。蚕豆、玉米间套作模式适宜在壤土或沙壤土上种植。要求地势平坦、土层深厚、土质疏松、土壤肥力适中、排灌设施良好。

（2）气候。本技术适用于海拔1 550 ～ 2 000米，年平均气温6.0 ～ 8.2 ℃，≥10 ℃的积温2 200 ～ 3 100℃，无霜期140 ～ 162天，有良好灌溉条件的地区。

（3）适宜种植区域。同大豆、玉米间作模式。

2.整地及施基肥

（1）整地。在3月上中旬，地表化冻后，用旋耕机浅耕后耙糖，均匀镇压，保证地松、碎、平、净。

（2）施基肥。①施肥量。每亩施农家肥1 500千克，化肥每亩按10千克尿素（纯氮含量为46%）、8 ～ 10千克重过磷酸钙（纯氮含量为18%、纯磷含量为46%）施用，也可根据当地使用情况，将尿素和缓释肥混合施用。②施肥方法。整地前将基肥均匀的播施到大田中，再耙糖镇压，使基肥均匀分布在耕作层中。

（3）覆膜。施肥后，在播种前根据土壤墒情提前用划线器按1.2米带幅划线，沿线用玉米除草剂进行60厘米封闭，用宽75厘米膜进行覆盖，膜两边各压土宽15厘米，保证膜采光面宽40厘米以上，并每隔2米用土打整齐一致的"腰带"，防止大风解膜。仅覆玉米带，蚕豆带不覆膜。

3.品种选择及种植规格

（1）品种选择。蚕豆品种宜选择临蚕2号、临蚕

5号，这些品种中早熟，株型紧凑，幼苗深绿色，生育期150天左右。在海拔1 500～1 700米且受水资源限制较小的地区，玉米品种可选择沈单16号、郑单958、金穗等中晚熟品种；在海拔1 700～1 800米且受水资源限制较小的地区，玉米品种可选择中单2号、四单19号等早熟品种。

（2）种植规格。蚕豆、玉米间套作采用1.2米带幅，玉米带0.8米种2行，行距40厘米，株距22～25厘米；蚕豆带0.4米种2行，行距20厘米（图12），每亩保苗8 000～8 500株。通常采用0.7米地膜覆盖，膜面50厘米种2行玉米，每亩保苗3 500～4 000株，玉米与蚕豆行间距离30厘米。

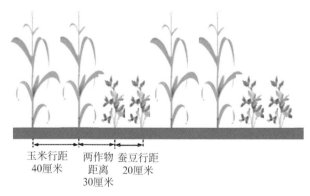

图12　蚕豆、玉米间套作种植规格

4.播种

（1）蚕豆。蚕豆适时早播，在3月上中旬整地施肥后，按带幅划行覆膜，用点种枪或滚葫芦（一种简易的播种机械）播种，单粒，播到湿土为宜，播深

3～4厘米。

（2）玉米。玉米在4月中上旬气温稳定，且大于10℃时，用点种枪或滚葫芦播种，单粒，播到湿土为宜，播种深度4～5厘米。

5.田间管理

（1）补苗和间苗。在蚕豆和玉米出苗后，应及时查苗，连续缺苗，应及时催芽补种。玉米出苗后要将错位苗及时放出，避免烧苗、烫苗，影响保苗和最终的产量。蚕豆每穴留1～2株壮苗，玉米每穴留1株壮苗。

（2）除草。播种覆膜前，每亩用48%双丁乐灵乳油200～250毫升，对水喷洒土壤，以防除一年生禾本科杂草及阔叶杂草。在生长期间应及时清除田间杂草，但避免施用化学农药。

（3）病虫害防治。玉米病虫害主要有锈病、红蜘蛛和玉米螟。

蚕豆上的病虫害主要有赤斑病、锈病、枯萎病和蚕豆象。赤斑病在发病初期喷施1：2：100的波尔多液，以后每隔10天喷50%多菌灵可湿性粉剂500倍液1次，连喷2～3次。锈病可用15%三唑酮可湿性粉剂50克，对水50～60千克喷施，每亩用药液40～60千克，施药后20天左右再喷药1次。枯萎病在发病初期可用50%甲基硫菌灵可湿性粉剂500倍液浇施根部，用药2～3次有较好的防治效果。蚕豆象以幼虫钻进蚕豆子实中危害，可在蚕豆初花至盛花期每亩用20%氰戊菊酯乳油20毫升，对水60千克喷雾毒杀成虫，7天后再喷1次，防效良好。在蚕豆终花期，喷施40%乐果乳油1 000倍液，毒杀幼虫也有良好效果。

（4）灌溉。整个生育期灌溉4次，分别为玉米拔节期、玉米抽雄期、玉米灌浆初期和籽粒膨大期，以满足蚕豆和玉米生长对水分的需求。

（5）追肥。玉米在拔节期结合灌水第一次追氮肥（尿素），每亩追肥量为10千克，蚕豆不追肥。蚕豆收获后正值玉米大喇叭口期，结合灌水进行玉米第二次追肥，每亩追施尿素20千克。

6.收获

（1）蚕豆。可以人工收获青豆荚，茎叶刈青喂畜；也可以在蚕豆成熟后收割，收割时留茬15～20厘米，并灭茬翻压肥田。

（2）玉米。玉米10月上旬即可收获，收获后的玉米要进行晾晒，当籽粒含水量达到20%时脱粒，脱粒后的籽粒要进行清选，达到国家玉米收购质量标准。

7.产量和经济效益计算

（1）产量目标。间作蚕豆每亩产量达100～200千克，玉米每亩产量达650～850千克。

（2）经济效益。每亩节约尿素20千克（32.6元）、磷酸氢二铵10千克（28元）、节水80米³（49.6元）；

增投成本蚕豆种子50元、3个人工240元。相对于单作玉米田，间作体系中每亩玉米减产300千克，即210元；但每亩增收蚕豆150千克，增加产值975元。亩产值增加765元，增加成本180元，亩增纯效益585元。

（三）小麦、玉米间套作模式

小麦、玉米间套作模式（图13）是90年代河西走廊地区创造"吨粮田"的主要种植模式。春小麦播种较早、玉米播种稍晚，且小麦收获后，玉米仍有2个多月的生长时间，因此在时间上，小麦在前期、玉米在后期，充分利用了农业环境资源。地上部分较大的株高差（小麦株高一般小于1米，玉米株高一般大于2.5米），使小麦与玉米互补利用光热

图13　小麦、玉米间套作

资源成为可能；在地下部分，相对玉米根系，小麦根系不仅垂直分布较深，且水平伸展范围更广，从而在实现了两个作物对水肥资源的空间生态位分离及补充利用。因此，小麦、玉米间套作模式在空间和时间上实现了资源的互补利用，能够达到高产高效的目的。

据研究，该模式中小麦增产的主要原因是两作物共生期小麦对资源的竞争能力相对玉米比较强，最接近玉米的那行小麦，即边行小麦，获得了更多的资源，具有明显的产量优势，从而使小麦增产。在两作物共同生长期，由于小麦的竞争能力比较强，一定程度上抑制了玉米的生长。研究发现，小麦收获以后，玉米的生长会有一定的恢复，间套作的玉米干物质积累速度在这个阶段比单作的玉米要高，到成熟期间套作玉米的产量接近单作玉米产量。因此，在这个体系中，间套作小麦是增产的，间套作的玉米维持或者接近单作玉米的产量，总体上间套作产量优势明显。

1.土壤、气候及适宜种植区域

（1）土壤。小麦、玉米间套作模式适宜于甘肃省各类土壤类型。

（2）气候。小麦、玉米间套作模式适宜于有灌溉条件的河西走廊地区，年均温度6.0～8.2℃，无霜期大于140天，一年中≥10℃的有效积温在2 200～3 000℃，热量条件两季不足，一季有余。

（3）适宜种植区域。该种植模式适宜甘肃省武威

市的凉州区、古浪县、民勤县，金昌市的金川区、永
昌县，张掖市的甘州区、山丹县、民乐县、临泽县、
高台县，酒泉市的肃州区、玉门市、敦煌市、金塔
县、瓜州县，并且具有灌溉条件的农田。

2.整地及施基肥

（1）整地。在3月上中旬，地表化冻后，用旋耕
机浅耕后耙耱镇压，保证地松、碎、平、净。

（2）施基肥。①施肥量。每亩施农家肥1 500
千克，化肥每亩按10千克尿素（纯氮含量为46%）、
8～10千克重过磷酸钙（纯氮含量为18%、纯磷含量
为46%）施用，也可根据当地使用情况，将尿素和缓
释肥混合施用。②施肥方法。整地前将基肥均匀播施
到大田中，再耙耱镇压，使基肥均匀分布在耕作层。

（3）覆膜。施肥后，在播种前根据土壤墒情提前
用划线器按1.2米带幅划线，沿线用玉米除草剂进行
60厘米封闭，用宽75厘米膜进行覆盖，膜两边各压
土宽15厘米，保证膜采光面宽40厘米以上，并每隔2
米用土打整齐一致的"腰带"，防止大风解膜。仅覆
玉米带，蚕豆带不覆膜。

3.品种选择及种植规格

（1）品种选择。小麦品种选用永良4号、陇春34
号、陇春27号。玉米品种可选用郑单958、先玉335、
沈单16等。

（2）种植规格。小麦带幅为72厘米，种6行，行

距为12厘米，每亩保苗60万株。玉米带幅为78厘米，种植2行，行距为39厘米，株距30厘米，每亩保苗5 700株。小麦和玉米的距离为25.5厘米（图14）。

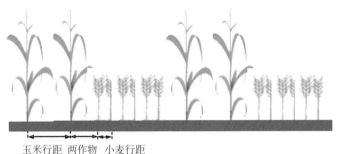

<table>
<tr><td>玉米行距
39厘米</td><td>两作物
距离
25.5厘米</td><td>小麦行距
12厘米</td></tr>
</table>

图14　小麦、玉米间套作种植规格

4.播种

（1）小麦。在3月上旬进行小麦播种，到春风节气时小麦播种基本结束。小麦播种用小麦播种机直播，播种6行，预留玉米占地。每亩播种量20～30千克。

（2）玉米。在4月中下旬，地温稳定通过10℃时，用等距扎眼播种器或者滚葫芦播种玉米。

5.田间管理

（1）苗期管理。在小麦出苗后2叶期时进行压麦，可起到蹲苗、松土、灭虫的作用。玉米出苗后，应及时查苗，连续缺苗，应及时催芽补种。玉米每穴留1株壮苗。

（2）除草。小麦4叶期每亩用2,4-滴丁酯乳油50

克，对水40千克喷雾，消灭麦田阔叶杂草。播种玉米前施用40%乙·莠悬浮剂和48%除草威悬乳剂，进行封闭除草。间作的玉米，4叶期定苗后，进行中耕除草。

（3）病虫害防治。玉米病虫害主要有锈病、红蜘蛛、玉米螟和蚜虫。①玉米锈病。可用75%百菌清可湿性粉剂600～800倍液，或30%苯甲·丙环唑乳油3 000倍液喷雾防治。②玉米红蜘蛛。7月下旬根据玉米红蜘蛛发生情况，用20%甲氰菊酯乳油1 000倍液，或72%炔螨特乳油2 000倍液交替喷雾防治。③玉米螟。可于玉米抽雄期用90%敌百虫晶体800～1 000倍液15毫升/株灌心叶防治。④蚜虫。可用50%抗蚜威可湿性粉剂2 000～3 000倍液，或2.5%溴氰菊酯乳油8 000倍液喷雾防治。

小麦的主要病害有锈病、黑穗病、白粉病、纹枯病、赤霉病、全蚀病、黄矮病、丛矮病、土传花叶病和根腐病。播前结合整地用50%辛硫磷乳油稀释成800倍液进行土壤消毒，以防治地下害虫。

①小麦条锈病。条锈病主要发生于叶片上，也可发生在叶鞘、秆和穗上，在叶片的正面形成很多鲜黄色椭圆形的夏孢子堆，沿叶脉纵向排列呈虚线状，常几条结合在一起成片着生。夏孢子堆中产生大量鲜黄色的粉末，即夏孢子。小麦接近成熟时，在叶鞘和叶片上产生短的黑色孢子堆，埋生于表皮下。防治方法：在小麦拔节至抽穗期，条锈病病叶率达到1%左右时，开始喷药。每亩用15%三唑酮可湿性粉剂55～60克，对水20～30千克喷雾，可防治条锈病

和叶锈病，防治秆锈病每亩用药量应增加到110克，或用25%三唑酮可湿性粉剂、40%腈菌唑可湿性粉剂、12.5%烯唑醇可湿性粉剂等。

②小麦叶锈病。叶锈病主要发生在叶片上，但也能侵害叶鞘，很少发生在茎秆或穗部。发病初期，受害叶片出现圆形或近圆形红褐色的夏孢子堆。夏孢子堆较小，一般在叶片正面不规则散生，极少能穿透叶片，待表皮破裂后，散出黄褐色粉状物，即夏孢子。后期在叶片背面和叶鞘上长出黑色阔椭圆形或长椭圆形、埋于表皮下的冬孢子堆。防治方法同上。

③小麦秆锈病。秆锈病主要发生在小麦叶鞘、茎秆和叶鞘基部，严重时在麦穗的颖片和芒上也有发生，产生很多的深红褐色、长椭圆形夏孢子堆。小麦发育后期，在夏孢子堆或其附近产生黑色的冬孢子堆。秆锈病夏孢子堆散生，长椭圆形，表皮破裂而外翻。防治方法同上。

④小麦黑穗病。黑穗病是较普遍的病害，它包括丝黑穗病、散黑穗病、坚黑穗病。症状识别：丝黑穗病在抽穗后症状明显，病株一般较矮，抽穗前病穗的下部膨大、苞叶紧实，内有白色棒状物，抽穗后散出大量黑粉。散黑穗病一般为全穗受害，但穗形正常，籽粒却变成长圆形小灰包，成熟后破裂，散出里面的黑色粉末。坚黑穗病通常全穗籽粒都变成卵形的灰包，外膜坚硬，不破裂或仅顶端稍裂开，内部充满黑粉。发生特点：丝黑穗病通过种子和土壤传病，主要通过土壤传染，厚垣孢子在土内存活3年左

右。散黑穗病、坚黑穗病菌主要是以厚垣孢子在种子表面附着，带病种子播种后，病菌与种子同时发芽，侵入寄主组织。病菌侵入后，菌丝蔓延到幼苗生长点，以后随着植株生长点向上生长而伸长，最后在穗部形成冬孢子。防治方法：在采取选用抗病品种、轮作、药剂处理等综合防治措施的基础上，于抽穗前后，拔除未扩散黑粉的病株，带到田外深埋。

⑤小麦吸浆虫。小麦吸浆虫是小麦上的一种毁灭性害虫，为世界性害虫，广泛分布于亚洲、欧洲和美洲的主要小麦栽培国家。我国的小麦吸浆虫主要有两种，即麦红吸浆虫和麦黄吸浆虫。其形态特征：麦红吸浆虫雌成虫体长 2 ～ 2.5 毫米，翅展 5 毫米左右，体橘红色。前翅透明，有 4 条发达翅脉，后翅退化为平衡棍，触角细长，雄虫体长 2 毫米左右。卵长 0.09 毫米，长卵形，浅红色。幼虫体长 3 ～ 3.5 毫米，椭圆形，橙黄色，头小，无足，蛆形，前胸腹面有 1 个 Y 形剑骨片，前端分叉，凹陷深。蛹长 2 毫米，裸蛹，橙褐色，头前方具 2 根白色短毛和 1 对长呼吸管 。症状：以幼虫潜伏在颖壳内吸食灌浆期的麦粒汁液，造成秕粒、空壳。蛹期防治：每亩用 40% 辛硫磷乳油或 40% 甲基异柳磷乳油 300 毫升，加水 5 千克，喷拌干细沙土 20 ～ 25 千克，均匀撒施，撒后及时浇水，重度发生麦田应适当增加药量。成虫补治：用 40% 辛硫磷乳油每亩 65 毫升或菊酯类药剂每亩 25 毫升，对水常量喷雾，间隔 2 ～ 3 天，连喷 3 ～ 5 次；或每亩用 80% 敌敌畏乳油

100 ～ 150毫升，对水2千克喷在20千克麦糠或沙土上，下午均匀撒入麦田进行熏杀。

（4）灌溉。小麦、玉米间套作模式一般采取大水漫灌的灌溉方式，在全生育期灌溉5 ～ 6次。第一次灌溉在4月下旬，以后每隔20天灌水1次。小麦收获后至玉米收获期，在玉米抽雄期、灌浆初期、灌浆后期再各灌水1次。

（5）追肥。小麦、玉米间套作模式中，小麦全生育期追肥2次，采用人工撒施或灌水冲施等方式，在小麦苗期每亩追施尿素5 ～ 8千克（仅追肥小麦种植区），在孕穗开花期每亩追施尿素10千克（小麦和玉米均追肥）。小麦收获后，在玉米的抽雄期再次每亩追施尿素20千克（施用在玉米种植区）。

6.收获

（1）小麦。小麦收获期一般在7月中下旬，采用小型机械或者人工收割。

（2）玉米。玉米收获时间一般在9月下旬至10月上旬，根据实际情况安排机械收获或人工收获。

7.产量和经济效益计算

（1）目标产量。间作小麦每亩产量达380 ～ 450千克，玉米每亩产量达600 ～ 800千克。

（2）经济效益。小麦、玉米间套作体系每亩总毛收入为1 400元，其中小麦1 000元，玉米为400元。扣除每亩生产投入成本550元，纯收入为850元。

（四）马铃薯、玉米套作模式

　　该种植模式中，地上部马铃薯植株较矮，玉米相对较高，植株的高矮搭配，彼此干扰少，有利于作物的通风透光（图15）；对于地下部，马铃薯的根系和玉米的根系深浅也不同，从而有利于马铃薯和玉米从不同土层中吸收养分和水分，减少缺素导致的生理病害；另外，马铃薯较玉米生育期短，共生期短减少了互相的不利影响，从而实现高产；间作还可减轻马铃薯病毒病的发生。该模式在甘肃种植面广、经济效益高，深受广大农民的欢迎。

图15　马铃薯、玉米套作

1.土壤、气候及适宜种植区域

　　（1）土壤。马铃薯、玉米套作模式适宜在壤土或沙壤土上种植，该区域土壤类型多为石灰性灌漠土，pH为8.2。要求地势平坦、土层深厚、土质疏松、土壤肥力适中，排灌设施良好。

（2）气候。张掖地区马铃薯、玉米套作模式适宜的气候条件为：平均年日照时数3 085小时，昼夜温差13.00 ～ 16.07℃，年平均气温7℃，≥0℃积温达3 388℃，≥10℃积温达2 896℃，无霜期153天，降水多集中在6 ～ 8月，年降水量120毫米。

（3）适宜种植区域。同大豆、玉米间作模式。

2.整地及施基肥

（1）整地。选择地势平坦的地块，使用旋耕机进行深耕，耕地深度30厘米左右。

（2）施基肥。①施肥量。农家肥4 000 ～ 5 000千克，基肥每亩按10 ～ 20千克尿素（纯氮含量为46%）、15 ～ 20千克重过磷酸钙（纯磷含量为46%）、25 ～ 50千克草木灰施用。②施肥方法。肥料撒于地表，配合旋耕旋入土层。

3.品种选择及种植规格

（1）品种选择。马铃薯品种选用中单2号、大西洋、陇薯系列等；玉米品种可选用郑单958、先玉335、沈单16等。

（2）种植规格。马铃薯、玉米间套作采用2：1种植，即2行马铃薯、1行玉米，间作带宽100厘米，马铃薯行距为40厘米（图16），株距25 ～ 30厘米

（一定范围），穴播，穴深10厘米；玉米行距为100厘米，株距15～18厘米，马铃薯每亩保苗3 700株，玉米每亩保苗4 000株。

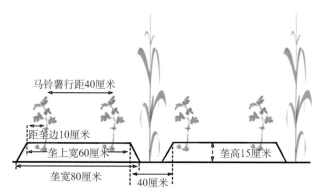

图16　马铃薯、玉米间套作种植规格

4.播种

（1）马铃薯。3月上旬适时播种，播种前20天进行种薯催芽，用3.5%甲拌灵颗粒拌种剂或2%吗胍·乙酸酮可湿性粉剂1 000倍液喷雾处理，然后放在暖阳处晒种催芽。待薯芽长1～1.5厘米时切块，每千克切成30～40块，切块时每块必须带2个芽，结合切块用草木灰拌种，隔日即可播种，也可以小薯直接播种。播种时开沟起垄覆膜，垄面宽60厘米、垄间距40厘米、垄高10～15厘米，选用120厘米宽的优质地膜，膜沿用土压实。在摆放种薯时，将薯芽朝上，然后覆土3～5厘米。

（2）玉米。4月中下旬在垄沟播种玉米，人工点播枪播种，为保证出苗，可每穴播2～3粒，待出苗后进行间苗。

5.田间管理

（1）补苗和间苗。4月初进行马铃薯补苗，查苗后，于缺苗处人工打穴，放入补苗用种薯块，4月下旬，及时进行放苗，同时查苗进行间苗。

（2）除草。马铃薯出苗1个月左右第一次中耕、培土，间隔1个月后，在马铃薯团棵期进行第二次中耕、培土。马铃薯中耕时人工清除垄上杂草，并及时培土盖膜；垄沟内杂草可使用小型中耕机，疏松土壤，调节地温，改善土壤通透性。

（3）病虫害防治。采用40%氧乐果乳油、2.5%氯氟氰菊酯乳油、25%乙硫苯威乳油、40%噻虫嗪水分散粒剂等农药稀释500～1 000倍喷施以防治蚜虫；采用25%甲霜灵可湿性粉剂、58%甲霜灵·锰锌可湿性粉剂、40%三乙膦酸铝可湿性粉剂、64%噁霜·锰锌可湿性粉剂、72%霜脲·锰锌可湿性粉剂等喷施，以防治马铃薯晚疫病；玉米可采用15%三唑酮可湿性粉剂1 500～2 000倍液，7.5%烯唑醇可湿性粉剂1 500～2 000倍液，64%恶霜·锰锌可湿性粉剂1 000～1 500倍液，25%三唑铜可湿性粉剂1 000～1 500倍液进行病虫害防治。

（4）灌溉。马铃薯生长苗期、发棵期、结薯期应根据土壤墒情和天气状况及时灌水，全生育期需要灌水3～4次。

（5）追肥。在马铃薯现蕾初期，苗每亩追施尿素15～20千克，同时，叶面可喷磷酸二氢钾及微肥1～2次，以促进对磷钾肥的吸收；在玉米拔节期，对玉米每亩追施12～15千克尿素。

6.收获

（1）马铃薯。马铃薯于7月中旬叶片脱落，茎干开始枯死时收获，收获时先割除垄上枝叶，再揭开地膜，挖薯块。

（2）玉米。玉米于9月下旬至10月初收获，人工收获玉米穗，之后晾晒，待干燥后用脱粒机脱粒继续晾晒。

7.产量和经济效益计算

（1）目标产量。马铃薯通过收获固定垄长度的薯块产量折算亩产，目标产量3吨，田间产量一般维持在2.5～3吨；玉米亩产400～500千克。

（2）经济效益。该模式每亩生产马铃薯2 100～3 200千克，按照2015年马铃薯批发保守价格2.5元/千克计算，亩收入可达5 250～8 000元；生产的玉米鲜穗，按保守价0.6元/个计算，亩收入在2 400～3 000元。亩总收入可达2 000元以上，亩纯收入达1 500元以上。

（五）甘蓝、玉米套作模式

甘蓝、玉米套作是粮食作物与经济作物立体种植的一种模式（图17）。这种模式既可以保证粮食产量又可以增加单位面积的经济效益，是解决单一种植粮食作物经济效益低的一种良好模式。该种植模式中，甘蓝植株矮小，对高秆作物玉米来说影响较小，有利于玉米的通风透光；甘蓝生育期短，共生期短，也减少了互相的影响，甘蓝为蔬菜作物，具有较高的经济价值，从而提高了间作体系总的产值。

图17　甘蓝、玉米套作

1.土壤、气候及适宜种植区域

（1）土壤。选择地势平坦、土层深厚、土质疏松、土壤肥力适中、排灌设施良好的壤土或沙壤土种植。土壤类型以石灰性灌漠土、pH8.2左右为宜。

（2）气候。平均年日照时数3 085小时，昼夜温差13.00 ～ 16.07℃，年平均气温7℃，≥0℃积温达3 388℃，≥10℃积温达2 896℃，无霜期153天，降水多集中在6 ～ 8月，年降水量120毫米。

（3）适宜种植区域。同大豆、玉米间作模式。

2.整地及施基肥

（1）整地。选择地势平坦的地块，使用旋耕机进行深耕，耕地深度30厘米左右。

（2）施基肥。①施肥量。农家肥每亩4 000 ～ 5 000千克，基肥每亩按20千克尿素（纯氮含量为46%）、20千克重过磷酸钙（纯磷含量为46%）、硫酸钾20千克施用。②施肥方法。肥料均匀撒于地表，配合旋耕旋入土层。

3.品种选择及种植规格

（1）品种选择。甘蓝品种选用中甘21、园丰、秀绿、美绿等；玉米品种可选用郑单958、先玉335、沈单16、金凯3号、金凯2号等。

（2）种植规格。甘蓝玉米套作采用2 ：2种植，即2行甘蓝，2行玉米，套作带宽160厘米。甘蓝采用单垄双行种植，垄宽60厘米，甘蓝垄上种植，行距为40厘米，株距30厘米、穴播，穴深10厘米；玉米垄沟种植，行距为40厘米，株距23厘米，甘蓝每亩保苗3 000株，玉米每亩保苗4 500株（图18）。

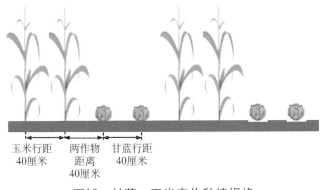

玉米行距　　两作物　　甘蓝行距
40厘米　　　距离　　　40厘米
　　　　　　40厘米

图18　甘蓝、玉米套作种植规格

4.播种

（1）甘蓝。于播种前1个月（4月上旬）进行育苗，5月上旬进行定植。

（2）玉米。4月中上旬播种玉米，人工点播枪播种或滚动式穴播机播种，为保证出苗，可每穴播2～3粒，待出苗后进行间苗。

5.田间管理

（1）补苗和间苗。5月上旬，及时进行玉米的放苗，同时查苗进行间苗。

（2）除草。甘蓝出苗1个月左右第一次中耕、培土，中耕时人工清除垄上杂草，并及时培土盖膜；垄沟内杂草可使用小型中耕机，疏松土壤，调节地温，改善土壤通透性。

（3）病虫害防治。采用50%抗蚜威可湿性粉剂约1 000倍液喷雾防治蚜虫等害虫；采用硫酸链霉素·土霉素可溶性粉剂或20%农用链霉素可湿性粉剂200毫克/升进行灌根以防治甘蓝软腐病。

（4）灌溉。甘蓝生长苗期、莲座期、结球期进行灌水，甘蓝收获后对玉米还相应灌水3次，全生育期需要灌水5～6次。

（5）追肥。在甘蓝种植期，由于玉米需水，需进行灌水，甘蓝莲座期随灌水追施尿素每亩15千克，甘蓝结球期随灌水追施尿素每亩15～20千克，硫酸钾15千克。

6.收获

（1）甘蓝。甘蓝于6月底至7月初收获，待甘蓝叶球紧实、外层球叶发亮时收获，防止晚收引起裂球。

（2）玉米。玉米于9月下旬至10月初收获，人工收获玉米穗，之后晾晒，待干燥后用脱粒机脱粒继续晾晒籽粒。

7.产量和经济效益计算

（1）目标产量。甘蓝田间产量一般维持在4.5～5吨；玉米亩产500～650千克。

（2）经济效益。该模式每亩生产甘蓝4 500～5 000千克，按照甘蓝收购价0.5元/千克计算，亩收入可达2 250～2 500元；玉米每亩产量达500～650千克，玉米按保守价1.6元/千克计算，亩收入在800～1 040元。

亩总收入可达3 300元以上，亩纯收入达1 500元以上。

（六）针叶豌豆、玉米间套作模式

水资源短缺已经严重影响到我国传统灌溉区农业的可持续发展，提高农田水分利用效率和单位面积土地灌水效益是生产实践急需的技术。针叶豌豆、玉米间套作（图19）是在集成地膜玉米高产栽培的基础上，在玉米宽行间插入2行针叶豌豆，在玉米不减产、不增加任何水肥投入的前提下，亩增收豌豆150～250千克，全生育期灌水与单作玉米相同，约440米^3，该模式利用豌豆固氮特性培肥土壤肥力，是一项有利于高效生产、资源循环利用、农民增收的新技术。

图19　针叶豌豆、玉米间套作

1.土壤、气候及适宜种植区域

（1）土壤。选择耕作土层深厚，质地疏松，有机质含量高，土壤肥沃的地块。

（2）气候。针叶豌豆、玉米间套作模式适宜于甘肃省大部分半干旱气候区，或有灌溉条件的河西走廊、沿黄自流和井泉灌溉区。要求年均温度7.0～8.2℃，无霜期140天以上，一年中≥10℃的有效积温在3 000℃以上。

（3）适宜种植区域。同大豆、玉米间作模式。

2.整地及施基肥

（1）整地。前茬作物收获后及时耕地平整，灌足底墒水，每年春天2月底至3月上旬土壤解冻后及时进行整地。

（2）施基肥。基肥以有机肥为主，配施适量化肥。①施肥量。耕翻前每亩按5 000千克优质有机肥施用，耙地前用条播机每亩施氮肥（N）6～7.5千克、磷肥（P_2O_5）8～12千克、钾肥（K_2O）5～10千克、锌肥（$ZnSO_4$）1～2千克。耙地后及时耙平待播。②施肥方法。播种前结合春季整地，采用全层施肥。

3.品种选择及种植规格

（1）品种选择。针叶豌豆选用抗逆性强、早熟、优质、高产的优良品种，如中豌4号、陇豌1、2号等高产品种。玉米一般选用株型紧凑、适合密植的沈单16、金穗系列、临单217、武科2号等包衣杂交品种。

（2）种植规格。生产上通常有2种种植方式，即玉米带幅＋针叶豌豆带幅为120厘米＋60厘米（玉米3行＋豌豆4行)和70厘米＋70厘米（玉米2行＋豌豆4行），以70厘米＋70厘米效益最佳。如图20所示，玉米采用70厘米地膜覆盖，膜面50厘米种2行玉米，行距40厘米；地膜外70厘米宽的空行种4行豌豆，行距20厘米。玉米与豌豆行间距离20厘米，其中玉米占15厘米，蚕豆占5厘米。3月上旬整地施肥后，按带幅划行覆膜，播种豌豆，播种量每亩15千克左右；玉米播种期为4月中上旬，株距22～25厘米，用玉米穴播机点播在膜面上，每亩保苗5 000～6 000株（图20）。

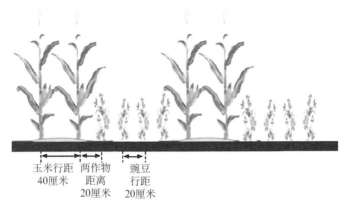

图20 针叶豌豆、玉米间套作种植规格

4.播种

（1）针叶豌豆。针叶豌豆于3月20日前播种，每亩保苗2 000株。

（2）玉米。玉米于4月中旬播种，覆膜播种，用眨眼播种器播种。

5.田间管理

（1）补苗和间苗。玉米出苗后要将错位苗及时放出，避免烧苗、烫苗，影响玉米产量。在玉米出苗后，应及时查苗，连续缺苗，应及时催芽补种。玉米3～4叶时间苗，5～6叶时定苗，每穴留1株壮苗。

（2）除草。玉米在生长期间应及时清除田间杂草。

（3）病虫害防治。①针叶豌豆病虫害防治。间套作豆科作物豌豆病害较少，无需防治；虫害主要是潜叶蝇危害针叶豌豆的托叶，应及时用40%绿菜宝乳油1 000倍液或48%毒死蜱乳油1 000倍液喷雾防治。②玉米病虫害防治。玉米红蜘蛛在早期螨源扩散时，选用1.45%阿维·吡虫啉可湿性粉剂600倍液，或每亩用73%炔螨特50毫升对水喷雾防治，在田埂杂草和玉米四周1米内交替防治2～3次。7月中旬若发现玉米上有红蜘蛛，用20%双甲脒乳油1 000倍液或1.45%阿维菌素可湿性粉剂600倍液进行防治。玉米棉铃虫用35%植保博士乳油1 500倍液于幼虫3龄前尚未蛀入果穗内部喷雾防治效果最佳，在入蛀果穗后用35%植保博士乳油2 000倍液滴液防治。玉米丝黑穗病可用种子质量0.5%的15%三唑酮可湿性粉剂可湿性粉剂拌种防治。

（4）灌溉。掌握在拔节、大喇叭口、抽雄前、吐丝后4个时期。头水在6月中上旬灌溉，以后可根据玉米生长状况、土壤墒情、天气等情况灌溉，一般每隔10～20天灌1次水，全生育期灌4次水。

（5）追肥。全生育期按亩施氮肥（N）20～25千克施用，其中70%氮肥做追肥，分别在拔节期（25%）和大喇叭口期（45%）。结合浇水追施，玉米灌浆期，根据玉米长势，可适当追肥，每亩追尿素10千克。

玉米7月底结合灌水立即对玉米进行第一次追肥，每亩施尿素15～20千克、复合肥6～8千克，促进玉米的生长发育。在玉米孕穗期再进行第二次追肥，每亩施尿素10～15千克，以提高玉米产量。

6.收获

（1）针叶豌豆。豌豆在6月上中旬应及时刈割豌豆，收割时可留茬15～20厘米，根茬翻压；或在豌豆盛花期直接将豌豆全株翻压肥田。

（2）玉米。玉米10月上旬即可收获，收获后的玉米要进行晾晒，当籽粒含水量达到20%时脱粒，脱粒后的籽粒要进行清选，达到国家玉米收购质量标准。

7.产量和经济效益计算

（1）目标产量。针叶豌豆间套作玉米体系每亩产量总目标为950～1250千克，其中针叶豌豆100～250千克，玉米800～1000千克。

（2）经济效益。将针叶豌豆间作玉米的针叶豌豆产量与玉米产籽量进行经济效益核算。结果表明，针叶豌豆每亩平均产量155千克，产值620元；玉米每亩平均产量920千克，按1.50元/千克价格计算，产值1380元。该间套作体系总产值2000元/亩。

（七）绿肥、玉米间作模式

针对玉米对出苗温度要求高、前期生长缓慢以及行间有较大空间的特点，开创性地在玉米生长早期间作速生、早熟的毛叶苕子（图21）、甜豌豆（图22）等绿肥作物，既可提高水、肥、光、热的利用效率，

图21　玉米、毛叶苕子间作

图22 玉米、甜豌豆间作

培肥土壤，又可提高玉米产量和品质，是一项集养地和增产于一体的高效生产技术。

1.土壤、气候及适宜种植区域

（1）土壤。绿肥、玉米间作模式适宜各种类型土壤。

（2）气候。玉米、绿肥作物间作模式适宜于我省大部分半湿润、半干旱气候区，5～9月日平均气温多在20～35℃，≥10℃的积温3 300℃左右，有灌溉条件的河西走廊、沿黄自流灌溉区和井泉灌溉区以及引黄高、低扬程灌区。

（3）适宜种植区域。同大豆、玉米间作模式。

2.整地及施基肥

（1）整地。前茬收获后及时深耕灭茬，深度为25～

30厘米，并及时平整土地，土壤封冻前每亩灌水80～100米³，翌年开春土壤解冻前进行镇压、耙耱、保墒。土壤解冻后浅耕10～15厘米，平整、耙耱、保墒，以备播种。

（2）施基肥。结合春季整地，每亩施入有机肥2 000～4 000千克、磷酸氢二铵15～20千克、尿素10～15千克。

（3）覆膜。3月下旬（在玉米播种前8～10天）进行顶凌覆膜。覆膜要达到平、展、紧、直、实，即土地必须耙细整平，清除残茬、大土块，膜要紧贴地面，无皱折。地膜两侧开沟压土各5厘米，为防大风可每隔3～5米压一小土带。带宽为160厘米，采用规格为120厘米的地膜，覆膜后膜面宽达100厘米，露地为60厘米。

3.品种选择及种植规格

（1）品种选择。绿肥品种以收豆为主要用途时，选用速生、早发的甘肃甜豌豆；以肥地或刈青养畜为主要用途时，选用速生、早发的土库曼毛叶苕子。甜豌豆每亩播种量10千克；毛叶苕子每亩播种量2千克。玉米品种选用武科2号、先玉335、陇单8号等。

（2）种植规格。玉米株距为22～30厘米、行距为40厘米，每穴1株，每亩保苗4 500～5 500株。在玉米宽行带种甜豌豆或毛叶苕子，每带种3行绿肥，行距20厘米，株距10厘米。玉米和绿肥种植间距为20厘米（图23和图24）。

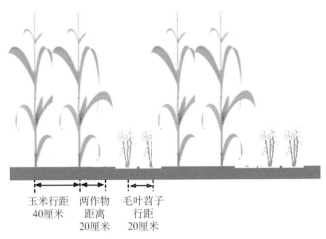

图23　玉米、毛叶苕子间作种植规格

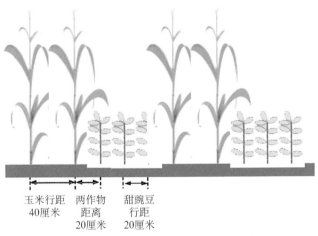

图24　玉米、甜豌豆间作种植规格

4.播种

（1）豆科绿肥作物。玉米带覆膜后随即在宽行（露地带）播种甜豌豆或毛叶苕子，每带种3行绿肥，采用穴播器点播，播种后镇压保墒。

（2）玉米。待间作的绿肥出苗后播种玉米，一般为4月下旬至5月上旬采用穴播器点播。

5.田间管理

（1）间苗。间苗最佳时期是在当地倒春寒后，以避免冻害造成玉米缺苗。一般间苗时间为5月下旬玉米5叶后。

（2）病虫害防治。玉米、甜豌豆间套作，虫害主要是潜叶蝇，危害甜豌豆的托片，应及时用40%绿菜宝乳油1 000倍液，或48%毒死蜱乳油1 000倍液，或1.8%阿维菌素乳油3 000倍液喷雾防治。间作毛叶苕子病虫害较少，无需防治。

（3）灌溉。间作的甜豌豆或毛叶苕子不再另行施肥灌水。

（4）追肥。玉米间作绿肥的尿素追施量应减少5%～10%，总追施尿素量每亩为50千克。其中，玉米拔节期（5月下旬至6月上旬）结合灌水每亩追施尿素20千克。玉米大喇叭口期（7月上旬）结合灌水追施尿素20千克。玉米灌浆期（7月下旬）结合灌水每亩追施尿素10千克。

6.收获

（1）玉米。玉米成熟后采用收割机进行收获，一般为10月上旬。

（2）绿肥。甜豌豆可以人工收获青豆荚，茎叶刈青喂畜；也可以在豌豆成熟后收割，收割时留茬15～20厘米，并灭茬翻压肥田。毛叶苕子在初花期进行刈割，留茬15～20厘米，根茬翻压；或直接将毛叶苕子地上部全部翻压作绿肥。

7.产量和经济效益计算

（1）目标产量。间作的每亩绿肥鲜草产量一般为1 000千克，或者甜豌豆鲜豆荚产量为350～500千克，玉米产量达900～1 100千克。

（2）经济效益。玉米、毛叶苕子间作采用绿肥割草、根茬肥地处理经济效益较优，每亩净产值可达2 000元；较玉米单作每亩净产值1 700元，增加收益17.65%。

玉米、甜豌豆间作，每亩玉米净产值可达2 000元；同时甜豌豆鲜豆荚具有较高的商品价值，按每千克0.8元计算，每亩可增加经济收入280～400元，经济效益显著。

（八）　玉米、大蒜间作模式

玉米、大蒜间作种植模式（图25）是在无霜期短，热量条件一季有余，两季不足的河西绿洲灌区和引黄灌区进行粮菜间作的一种高效种植模式，对于当地提高土地利用率，增加复种指数，提高农民收入具有重要的意义。混合产值每亩达4 000～5 000元，其经济效益和社会效益显著。

图25　玉米、大蒜间作

1.土壤、气候及适宜种植区域

（1）土壤。玉米间作大蒜种植模式适宜排灌方便、土质肥沃的地块种植，前茬应为没有种植过葱、韭、蒜类蔬菜的土壤。

（2）气候。玉米间作大蒜种植模式适宜于甘肃省大部分半湿润半干旱气候区，5～9月日平均气温多在20～35℃，≥10℃的积温3 300℃左右。例如，有灌溉条件的河西走廊、沿黄自流和井泉灌溉区以及引黄高、低扬程灌区。

（3）适宜种植区域。同大豆、玉米种植模式。

2.整地及施基肥

（1）整地。前茬收获后及时深耕灭茬，深度为

25～30厘米，并及时平整土地，土壤封冻前每亩灌水80～100米³，翌年开春土壤解冻前进行镇压、耙糖、保墒。土壤解冻后浅耕10～15厘米，平整、耙糖、保墒，以备播种。

（2）土壤处理。播前每亩用50%辛硫磷乳油或50%多菌灵粉剂0.75千克，加少量的水拌细沙或土，撒施后翻入土中。

（3）施基肥。基肥结合整地施入，玉米生育期长，应每亩施迟效性农家肥2 000～4 000千克、磷酸氢二铵15～20千克、尿素10～15千克。基肥忌用生粪肥和大块粪肥，防止粪肥发热烧伤蒜母或根系。

（4）覆膜。土壤解冻10厘米，3月中旬（在玉米播种前10～15天）进行顶凌覆膜。覆膜要达到平、展、紧、直、实，即土地必须耙细整平，清除残茬、大土块，膜要紧贴地面，无皱折。地膜两侧开沟压土各5厘米，为防大风可每隔3～5米压一小土带。带宽为160厘米，采用规格为140厘米的地膜，采用全膜覆盖。

3.品种选择及种植规格

（1）品种选择。玉米品种选用武科2号、先玉335、陇单8号等。大蒜品种选用当地紫皮大蒜。种蒜质量对产量影响很大，播种前要选瓣，即选择蒜瓣肥大、顶芽壮、色泽洁白、无病斑的蒜瓣，播种前去踵剥皮，促进生根发芽，每亩用蒜种80千克左右。

（2）种植规格。划地成带，带宽130厘米，其中玉米带宽30厘米，起垄种1行，株距为20厘米，每亩保苗3 000株；大蒜行宽100厘米，行距12厘米，株距5厘米，种6行，点播，播深3～5厘米，每亩保苗6.2万株（图26）。

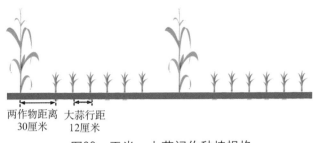

两作物距离　　大蒜行距
30厘米　　　12厘米

图26　玉米、大蒜间作种植规格

4.播种

（1）玉米。 一般为4月下旬至5月上旬采用穴播器点播 。

（2）大蒜。大蒜尽量早播，日平均气温3℃以上即可播种，一般在3月上旬播种，覆膜后随即在宽带点播大蒜。

5.田间管理

（1）间苗与定苗。玉米苗齐后可一次性放苗，并用土将口封严。长出5～6片真叶时，即可定苗，每穴留健壮苗1株。

（2）病虫害防治。玉米虫害主要是潜叶蝇，应及时用40%的绿菜宝乳油1 000倍液，或48%毒死蜱乳油1 000倍液，或1.8%阿维菌素乳油3 000倍液喷雾防治。大蒜虫害主要有蛴螬、根蛆。大蒜烂母前后易遭根蛆危害，可用50%辛硫磷乳油配制成药水灌根。灰霉病用50%腐霉利可湿性粉剂1 500倍液喷雾；菌核病用70%甲基硫菌灵可湿性粉剂1 000倍液、75%百菌清可湿性粉剂500倍液喷雾；叶枯病用64%噁霜·锰锌可湿性粉剂500倍液喷雾。

（3）肥水管理。玉米在拔节期结合灌水每亩穴施尿素10千克，追肥时在2株玉米之间用手铲深挖下去，前后摇动，随之将肥料施下去，然后覆土封口。玉米在喇叭口期结合灌水每亩穴施尿素20千克，不可追在上次追肥的地方，玉米生长后期要保证水分的需求，直至玉米成熟。

大蒜喜湿怕旱，播种后，除注意水气矛盾协调外，还应提高地温，以利迅速萌芽生根。退母后大蒜生长加快，应及时灌水，随水每亩追尿素12.5千克，促苗生长。大蒜在叶片、蒜薹生长旺期，要勤浇水施肥，每10天浇1次水，每2次浇水之间追1次速效氮肥，整个蒜薹生长期追肥2～3次，每亩追肥量15～20千克。蒜薹在其顶部开始弯曲，总苞下部变白时为采收适期。采薹时尽量少伤叶片，采薹后立即补充土壤水分，并追施1次催头肥，以后每5天浇水1次，直至收获前1周为止。

6.收获

（1）玉米。玉米成熟后采用收割机进行收获，一般为10月上旬。

（2）大蒜。蒜头基部叶片大部分干枯，上部叶片变色，植株处于柔软状态，即可收获。蒜头采收后要立即晾晒，使须根和内外蒜皮失水干缩，待假茎变软即可编辫，挂贮。

（九）孜然、玉米间作模式

孜然为一年生草本植物，果实可入药，用于治疗消化不良和胃寒腹痛等症，可用作药材和化妆品添加剂。地处河西走廊中西部的张掖市、酒泉市辖区内，具有丰富的光热资源，干燥少雨、昼夜温差大、病虫害轻，非常适宜孜然栽培。孜然由于生育期较短，适合与各种秋季作物进行间套作，可提高光、热、水、土资源的利用率，增加经济收入。河西地区创新出在海拔1 600米以下的地区推广孜然间作玉米的高效栽培技术，现已成为当地重要的种植模式之一。

1.土壤、气候及适宜种植区域

（1）土壤。选择地势平坦，肥力中等及以上，防风防沙条件好，透水性好的沙壤土、轻壤土。忌重茬迎茬，前茬作物以小麦、豆类、瓜类或棉花为宜。3月上中旬结合整地，每亩用100毫升48%氟乐灵乳油对水30千克和用土壤杀菌剂80%福·锌·多菌灵可湿性粉剂600～800倍液分别喷施于地表后立即耙地，耙地深度5～6厘米，耙地后及时糖平，5～7天后开始播种。

（2）气候。孜然、玉米间作模式适宜于甘肃省大部分半干旱气候区及有灌溉条件的河西走廊、沿黄自流和井泉灌溉区。要求年均温度7.0～8.2℃，无霜期140天以上，一年中≥10℃的有效积温在2 200～3 000℃以上。

（3）适宜种植区域。同大豆、玉米种植模式。

2.整地及施基肥

（1）整地。前茬作物收获后及时耕地整平，灌足底墒水，翌年春天2月底至3月上旬土壤解冻后及时进行整地。

（2）施基肥。①施肥量。耕翻前每亩按1 500千克优质有机肥施用，耙地前用条播机每亩施20～25千克磷酸氢二铵（纯磷含量为46%、纯氮含量为18%），耙地后及时耙平待播。②施肥方法。播种前结合春季整地，全层施肥。

3.品种选择及种植规格

（1）品种选择。孜然品种应选择分枝能力强、成熟度好、籽粒饱满、抗病丰产的早熟品种，如孜然王、火焰山等。玉米选择丰产、抗病性强的品种，如富农1号、正德304、金凯3号等。

（2）种植规格。孜然采用小麦播种机改装后条播，即将播种机筑埂器卸掉，把小麦开沟圆片改装成穴播器。穴播器下种带宽3厘米，播深2.0～3.0厘米，采用15厘米等行距配置，孜然带宽90厘米，播

5行。播种时种子掺沙播种，播后耙糖镇压。玉米采用穴播机播种，采用（90厘米+30厘米）宽窄行种植，行距为30厘米，株距20厘米，玉米带播2行，玉米带宽30厘米，孜然行距玉米行15厘米（图27），每亩保苗5 000株。玉米宽行带种5行孜然，行距为15厘米。总带幅宽度为120厘米，孜然和玉米种植间距为15厘米（图27）。

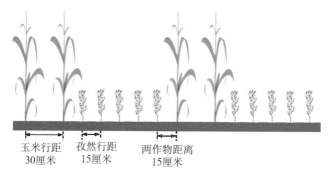

玉米行距　孜然行距　两作物距离
30厘米　　15厘米　　15厘米

图27　孜然、玉米间作种植规格

4.播种

（1）孜然。孜然顶土力弱，生产中应适期早播。一般在2月下旬(或地表3～5厘米土壤解冻时)播种，每亩播种量1.5～2.0千克，每亩保苗1.5万～2.0万株。播种时将种子与适量沙子混匀，采用机播，力争播种均匀。播种宜浅，要求播于湿土上，播种深度1.5～2.0厘米，并及时糖平后盖沙1.5～2.0厘米厚即可，以利保墒，提高出苗率。孜然要尽量早播，比玉米的播期早50天左右为宜。适期早播，孜然的根系发达，分枝较多，利于抗旱、高产。

（2）玉米。4月中旬播种玉米，每亩播种量4千克，采用点播方式播种。

5.田间管理

（1）补苗和间苗。孜然苗齐后要及时间苗、定苗，留苗间距6～8厘米，保证苗全苗壮。

玉米坚持"三叶间、五叶定"的原则，即出苗后3片叶时开始间苗，除去病、弱、杂苗；幼苗达4～5片叶时定苗，每穴留苗1株，保留生长整齐一致的壮苗。

（2）除草。4月上旬孜然长出第一片真叶后及时进行除草。孜然全生育期化学除草（主要防除单子叶类杂草）2次，每亩施用10.8%吡氟氯禾灵乳油20毫升，对水30升喷雾，当植株高大、田间作物冠层郁闭时，人工除草2～3次。玉米在生长期间应及时清除田间杂草。

（3）病虫害防治。①孜然。孜然病害主要是立枯病。药剂防治可于发病初期喷施75%百菌清可湿性粉剂600倍液，隔7～10天，视病情连防2～3次。孜然虫害主要是蚜虫、菜青虫、小菜蛾，可用50%抗蚜威可湿性粉剂、2.5%溴氰菊酯可湿性粉剂等喷洒防治。②玉米。玉米瘤黑粉病：5～8月黑瘤膨大期人工摘除黑瘤深埋，然后用15%三唑酮可湿性粉剂500～800倍液喷雾，可有效控制。玉米红蜘蛛：7月下旬根据玉米红蜘蛛发生情况，用20%甲氰菊酯乳油1 000倍液，或72%炔螨特乳油2 000倍液交替喷雾防治。玉米螟：可于抽雄期用90%敌百虫晶体800 ～ 1 000倍液15毫升/株灌心叶防治。蚜虫：可用50%抗蚜威可湿性粉剂2 000 ～ 3 000倍液，或2.5%溴氰菊酯乳油8 000倍液喷雾防治。

（4）灌溉。孜然全生育期内一般灌水1 ～ 2次，5月中下旬待苗长到10厘米左右灌头水。6月中旬灌二水，并要做到浅灌、匀灌，遇高温不灌，以防蒸苗。

孜然收获后及时灌好玉米的大喇叭口水、抽雄水、灌浆水，每次每亩灌水60 ～ 80米^3。

（5）追肥。孜然5月中下旬伴随浇头水每亩追施尿素5千克，并用氨基酸叶面肥50毫升，对水450千克进行叶面喷施。全生育期间视地力和植株长势情况施2 ～ 3次化肥，亩施5 ～ 8千克尿素即可。要结合第二、第三次浇水前施肥。

6月底孜然收获后，结合灌水立即对玉米进行第一次追肥，亩施尿素10 ～ 15千克、复合肥6 ～ 8千克，促进玉米的生长发育。在玉米孕穗期再进行第二次追肥，每亩施尿素10 ～ 15千克，以提高玉米产量。

6.收获

（1）孜然。孜然6月中下旬籽粒变黄有浓香味时应及时收获，采收时连棵拔起晒干，放在水泥场轻磨压、过筛，微风扬净即可入库或销售。

（2）玉米。玉米9月下旬即可收获，收获后的玉米要进行晾晒，当籽粒含水量达到20%时脱粒，脱粒后的籽粒要进行清选，达到国家玉米收购质量标准。

7.产量和经济效益计算

（1）目标产量。孜然每亩平均产量100千克，玉米每亩平均产量800千克。

（2）经济效益。将孜然间作玉米的孜然产量与玉米产籽量（3年平均）进行经济效益核算比较。结果表明，孜然每亩平均产量90千克，价格按30元/千克计，产值2 700元；玉米每亩平均产量815千克，价格按2元/千克计，产值1 630元。每亩总产值4 330元。

（十）早熟西瓜、玉米套作模式

金昌市地处甘肃省河西走廊东段，祁连山北麓。境内海拔1 380～2 400米，年均气温4.8～7.3℃，日照时数2 884小时，≥10℃积温3 200～3 765℃，无霜期155天，光照充足，昼夜温差大，适宜西瓜生长。种植的西瓜产量高，市场销售稳定，成为当地农业增效、农民增收的优势产业之一。

西瓜套种玉米种植技术，其主要特点是西瓜在不减产的情况下，又增收一季玉米，充分利用秋后空闲季节，提高了土地、光、热、气、水等自然资源的利用率，经济效益十分明显（图28）。

图28 早熟西瓜、玉米套作

1.土壤、气候及适宜种植区域

（1）土壤。土壤要求肥力中等及以上，防风固沙条件好，透水性好的沙壤土、轻壤土。

（2）气候。本技术要求在海拔1 500～1 700米，年平均气温6.0～8.2℃，≥10℃的积温2 200～3 100℃，无霜期140～162天，有良好灌溉条件的灌溉区。

（3）适宜种植区域。同大豆、玉米间作模式。

2.整地及施基肥

（1）选茬、整地。宜选择土壤疏松、土层深厚、排水良好、肥沃的地块。西瓜不宜连作，前茬以禾本科作物为好，忌重茬，一般4～5年轮作1次。

（2）施基肥。前茬作物收获后及时深耕，开春播种前充分耙后施入基肥。基肥以有机肥为主，配施适量化肥。肥力较差的土壤结合整地每亩施入优质农家肥5 000千克、尿素20千克、磷酸氢二铵20千克、硫酸钾30千克；肥力中等偏上的土壤深耕时每亩施农家肥2 000千克，撒施后耙平，开沟打塘时每亩集中施入农家肥1 300千克、尿素15千克、磷酸氢二铵15千克、硫酸钾25千克。

（3）适时覆膜。整地后于4月中旬按沿长度走向起垄做塘，旱塘做好后，在播种前7天左右用小水洇塘1~2次，要做到洇足、洇透，严禁旱塘进水。待水干后要及时覆膜，选140厘米宽、厚0.01毫米以上的地膜，每幅膜盖一沟两坡。

3.品种选择及种植规格

（1）品种选择。西瓜选用抗逆性强、早熟、优质、高产的优良品种，如京欣1号、陇丰早成、欣京兰等。玉米选用高产、中熟先玉1 225、武科2号等。

（2）种植规格。垄上宽160厘米，垄高25~30厘米，垄沟上宽60厘米，下宽40厘米。西瓜套作玉米采用220厘米带幅，垄上种2行，垄上行距150厘米、株距35厘米每穴2粒，每亩保苗2 000株；玉米垄沟内种2行，行距40厘米，株距18厘米，每穴播2~3粒，每亩保苗3 500株以上（图29）。

4.播种

（1）西瓜。将西瓜种子放入55℃的温水中，不断搅拌降温至30℃，浸泡4小时，然后将种子捞出，搓洗干净后催芽。催芽时用湿布将处理过的种子包好放

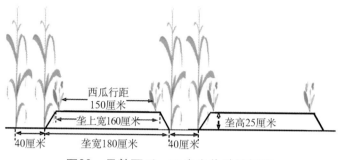

图29　早熟西瓜、玉米套作种植规格

在25 ～ 30℃条件下，每天用温水冲洗1 ～ 2次，待种子露白时，于5月1日前后播种，播于旱塘埂顶。

（2）玉米。玉米于5月中旬播种，播种于沟底两边。

5.田间管理

（1）查苗、定苗。西瓜播种7~10天即出苗，应及时检查出苗情况，若缺苗及时催芽补种。在玉米出苗后，应及时查苗，发现缺苗应及时催芽补种在缺苗位置。玉米3 ～ 4叶时间苗，5 ～ 6叶时定苗，每穴留1株壮苗。

（2）病虫害防治。西瓜的主要病害有枯萎病和白粉病，虫害以蚜虫为主。枯萎病可用50%腐霉利可湿性粉剂1 200 ～ 1 500倍液，或50%异菌脲可湿性粉剂1 000 ～ 1 200倍液0.25千克/株灌根防治，每隔5 ～ 7天灌1次，连续防治2 ～ 3次；白粉病可用70%甲基硫菌灵可湿性粉剂600倍液喷雾防治。蚜虫可在田间每亩悬挂25厘米×40厘米的黄板30～40块诱杀，或用0.3%苦参碱水剂800～1 000倍液喷雾防治。蚜虫点片发生时可用50%抗蚜威可湿性粉剂800~1 000倍液喷雾防治。玉米虫害主要有玉米螟、蚜虫和红蜘蛛。玉米螟可于抽雄期用90%敌百虫晶体800～1 000倍液15毫升/株灌心叶防治；蚜虫可用50%抗蚜威可湿性粉剂2 000～3 000倍液，或2.5%溴氰菊酯乳油8 000倍液喷雾防治；红蜘蛛可用10%苯丁哒螨灵乳油1 000倍液防治，有显著效果，其他病虫害应对症下药。

（3）灌溉。西瓜出苗伸蔓前后，为促进植株生长，要及早灌伸蔓水，促其迅速伸蔓；待瓜坐稳、鸡蛋大小时灌膨瓜水1次，以后可视土壤墒情灌小水1次，灌水深度以沟深的1/3为宜，切忌大水漫灌。定瓜后应控制水分。玉米在拔节期灌水1次，西瓜收获后需再灌水2~3次。

（4）追肥。①苗期追肥。苗期根据西瓜幼苗长势和土壤状况决定追肥种类和追肥次数。土壤肥沃、基肥施用量大、幼苗生长健壮时，3～4片真叶期每亩追施尿素10千克1次；土壤瘠薄、基肥施用量少、幼苗长势较弱时可追肥2次，即2叶期每亩追施尿素7～8千克，团棵期每亩追施尿素10千克。②伸蔓期追肥。伸蔓期定植后30天左右，当蔓长达到70厘米时追伸蔓肥1次。在地膜外侧距根部25厘米处开深、宽均为30厘米的施肥沟，每亩施入尿素10千克、硫酸钾10千克，培土后浇水。伸蔓肥要早施，中后期不再追肥，以免生长过旺影响坐瓜。③膨瓜期追肥。膨瓜期西瓜花谢后4～5天，果实有鸡蛋大小时，每亩可追施硫酸钾10千克、磷酸氢二铵15千克、尿素3千克；花谢后15天，施肥后灌水1次。④根外追肥。西瓜生长后期若出现瓜蔓枯黄、早衰等现象，可叶面喷施2.0～3.0克/千克磷酸二氢钾水溶肥，以快速补充营养。玉米在拔节期（5月下旬至6月上旬）结合灌水每亩追施尿素20千克；可在西瓜收获后结合浇水重追肥1次，每亩追尿素30千克。

（5）整枝、授粉。西瓜一般采用双蔓整枝，1株留1瓜。除主蔓外，在植株距离根颈部3～8节叶腋处选留1健壮侧蔓，其余侧蔓全部除掉。西瓜开花期每天上午8时至10时采摘雄蕊，去掉花冠，轻轻涂抹雌蕊柱头。玉米有时需要授粉，不需要整枝。

6.收获及产量目标

（1）早熟西瓜。早熟品种一般在授粉后25～30天、中熟品种30～35天即可成熟，应根据授粉日期判断西瓜成熟度，按市场需求陆续采收上市。遇销路不畅时可让西瓜暂时挂在瓜蔓上5～7天。

亩产指标：西瓜3 500～4 000千克。

（2）玉米。玉米9月下旬即可收获，收获后的玉米要进行晾晒，当籽粒含水量达到20%时脱粒，脱粒后的籽粒要进行清选，达到国家玉米收购质量标准。

亩产指标：玉米750～800千克。

（十一）小茴香、玉米间作模式

茴香属伞形花科，茴香属，多年生草本植物，有小茴香、大茴香和球茎茴香等不同类型，因其具有较高的营养价值和药用价值，在我国广泛栽培。甘肃省河西走廊栽培茴香历史悠久，得天独厚的自然条件有利于茴香高产优质栽培。长期以来，以旱薄地单种为主，效益低下。为了进一步提高种植水平和效益，通过作物种群间的合理搭配，科学的田间配置，提高土壤利用率，将茴香与玉米间作，提高收益。

1.土壤、气候及适宜种植区域

（1）土壤。土壤要求肥力中等及以上，防风条件好、透水性好的沙壤土、轻壤土。

（2）气候。本技术要求在海拔1 650 ～ 1 900米，年平均气温6.0 ～ 8.2℃，≥10℃的积温2 200 ～ 3 100℃，无霜期140 ～ 162天，有良好灌溉条件的灌溉区。

（3）适宜种植区域。同大豆、玉米间作模式。

2.整地及施基肥

（1）整地。一般选择土壤肥力中等偏上、灌溉方便、地势平坦、通透性良好的地块，不宜在盐碱地和漏沙地种植。地膜选用幅宽70厘米、厚0.01毫米的地膜。

（2）施基肥。①基肥用量。每亩施优质农家肥5 000千克、氮肥（N)6 ~ 8千克、磷肥（P$_2$O$_5$)8 ~ 12千克、钾肥（K$_2$O）5 ~ 10千克。②施肥方法。在4月上旬结合播前浅耕整地施入基肥。

3.品种选择及种植规格

（1）品种选择。玉米一般选用稀植大穗型品种，如武科2号、豫玉22、陇单5号、沈单16、977等包衣杂交品种，小茴香选用民勤茴香等高产、高抗病品种。

（2）种植规格。小茴香、玉米间作采用120厘米米带幅，玉米带60厘米，种2行，行距40厘米，株距22~25厘米。通常采用70厘米地膜覆盖，膜面50厘米，每亩保苗3 500~4 000株。小茴香带60厘米，种2行，行距40厘米，株距20厘米，播种深度1.5厘米。小茴香与玉米行间距离20厘米（图30）。

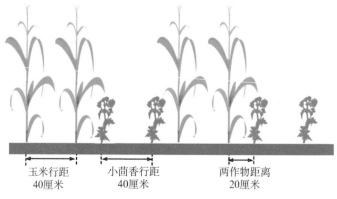

| 玉米行距
40厘米 | 小茴香行距
40厘米 | 两作物距离
20厘米 |

图30 小茴香、玉米间作种植规格

4.播种

4月中上旬整地施肥后，按带幅划行覆膜后，采用玉米穴播机播种玉米，玉米播种后即利用小型茴香播种机播种茴香。

5.田间管理

（1）补苗和间苗。玉米出苗后要将错位苗及时放出，避免烧苗、烫苗，同时对缺苗处人工补苗。茴香如果缺苗不多，则不用补苗。

（2）除草。出苗后为了促进小茴香和玉米的生长，适时人工除草。

（3）病虫害防治。小茴香在幼苗期喷施2～3次叶面肥（如磷酸二氢钾）。显蕾期至成熟期，每隔7～10天每亩喷施95%噁霉灵可湿性粉剂10克，防治立枯病和猝倒病。玉米出苗期、7叶期、大喇叭口期、抽雄期用48%毒死蜱乳油1 000倍液喷雾，统一防治玉米螟和蚜虫；在玉米灰斑病发病初期用5%多菌灵可湿性粉剂400倍液、75%百菌清水分散粒剂600倍液、75%三环唑可湿性粉剂喷雾防治；大豆在鼓荚期用2.5%溴氰菊酯乳油80毫升，对水喷雾，防大豆食心虫。

（4）灌溉。该模式按当地玉米灌溉量和灌溉次数进行灌溉即可。

（5）追肥。在玉米拔节期结合浇水每亩追施尿素10～15千克，玉米大喇叭口期结合浇水每亩追施尿素20～30千克，根据玉米长势，可适当增加一些追肥。小茴香不需要追肥。

6.收获

小茴香在6月中下旬大部分枝叶干枯，籽粒饱满成熟时，及时采收。玉米在9月下旬植株的中、下部叶片变黄，籽粒饱满时收获。

7.产量和经济效益计算

该模式小茴香目标亩产50千克，按市场价7.0元/千克出售，每亩产值350元；玉米目标亩产900千克，按市场价2.0元/千克计算，每亩产值1 800元，合计产值2 150元。

（十二）小麦、大豆间作模式

该种植模式是在小麦中插入大豆的种植方法（图31）。大豆播种期晚，苗期生长发育缓慢，因此这两种作物在生产上有时间差和营养供给差，能充分利用光、热、水、土资源，增加后季绿色植被覆盖，改善群体的生长环境，还能达到土地用养结合，提高土地利用率的目的；同时，大豆可以与土壤中的根瘤菌形成根瘤，将空气中氮素固定为植物可以利用的氮素，从而降低对化学氮肥的需求。和小麦间作以后，还能进一步刺激并提高大豆的生物固氮能力和增加氮素营养的积累，从而提高氮素利用效率及单位土地利用效率。该模式种植方法简单、便于操作、适应性广、生产成本低，深受广大农民群众的喜爱，可作为种植业结构调整和发展高产优质高效农业的主导模式进行推广应用。

图31　小麦、大豆间作

1.土壤、气候及适宜种植区域

（1）土壤。小麦、大豆间作模式适宜于甘肃省各类土壤类型。

（2）气候。小麦间作大豆种植模式适宜于甘肃省大部分半温润半干旱气候区。有灌溉条件的河西走廊、沿黄自流和井泉灌溉区，年均温度6.0～8.2℃，无霜期140天以上，年平均降水量多于150毫米，4～10月降水量多于200毫米，一年中≥10℃的有效积温在2 200℃以上。

（3）适宜种植区域。该种植模式适宜甘肃省武威市的凉州区、古浪县、民勤县，金昌市的金川区、永昌县，张掖市的甘州区、山丹县、民乐县、临泽县、高台县，酒泉市的肃州区、玉门市、敦煌市、金塔县、瓜州县等具有灌溉条件的农田种植。

2.整地及施基肥

（1）整地。前茬收获后及时深耕灭茬，深度为25～30厘米，并及时平整土地，土壤封冻前每亩灌水80～100米^3，翌年开春土壤解冻前进行镇压、耙糖、保墒。土壤解冻后浅耕10～15厘米，平整、耙糖、保墒，以备播种。

（2）施基肥。通常大豆作物需磷量大，主作物小麦播种时要结合春季整地，施足基肥。每亩施入有机肥1 000～4 000千克、磷酸氢二铵8～10千克、尿素5～8千克。在整地时采用全层施肥，先将施入的有机肥均匀散开，铺在土壤表面，再将施入的化肥混合均匀后撒施，最后结合整地翻埋掺和在土壤耕作层。

3.品种选择及种植规格

（1）品种选择。小麦品种选用永良4号、陇春34号、陇春27号。大豆品种选用中黄30、齐黄34、冀豆17和汾豆78，以及陇黄1号和陇黄2号。

（2）种植规模。小麦带幅为70～90厘米，种6～10行。行距为12～15厘米，每亩播种量20～30千克，穗数在30万～40万穗为宜。大豆带幅为40～60

厘米，种2～3行。株距为15～20厘米，行距为15～20厘米，每亩播种量5～6千克，每穴4～6株，即每亩种植5万～6万株。小麦和大豆种植行的间距为15～20厘米（图32）。

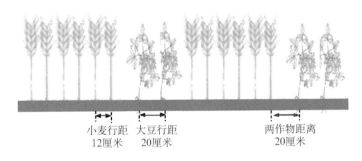

小麦行距　　大豆行距　　　　　两作物距离
12厘米　　　20厘米　　　　　　　20厘米

图32　小麦、大豆间作种植规格

4.播种

（1）大豆。大豆在4月下旬播种，采用穴播器点播，播种后镇压、保墒。

（2）小麦。在每年的惊蛰节气前后进行小麦播种（3月上旬），到春风节气时小麦播种基本结束，小麦用小麦播种机直播。

5.田间管理

（1）补苗和间苗。小麦大多数情况下不需要间苗，如需间苗，最佳间苗时期在小麦第一次灌水前5～10天（4月中旬）。大豆出苗后要及时查苗，发现漏播缺苗断垄应及时补种或移栽。待大豆长出对生单叶后及时间苗，间苗时要疏密苗、去弱苗、留壮苗，要求苗均、苗壮。

（2）除草。小麦在播种前应进行药剂处理，以防草害。一般在播前使用草甘膦、双丁乐灵等除草剂处理土壤来防治杂草。特别是在大豆盛花期前要及时中耕除草，开花后停止中耕除草，以免造成花、荚脱落。大豆生育后期要及时清除杂草。

（3）病虫害防治。小麦的病虫害防治同小麦、玉米间套作种植模式。大豆病虫害防治。大豆灰斑病：使用50%多菌灵可湿性粉剂稀释成1 000倍或50%甲基硫菌灵可湿性粉剂1 000倍液喷雾。大豆锈病：在发病初期喷洒50%萎锈灵乳油800倍液，或者使用15%三唑酮可湿性粉剂1 000~1 500倍液进行喷雾防治，都有良好效果。大豆蚜虫：防治大豆蚜虫可喷洒40%乐果乳油1 000~2 000倍液，或者使用50%辛硫磷乳油1 000~2 000倍液进行喷雾防治。大豆食心虫：对危害大豆粒荚的食心虫可以采用常规喷雾，使用2.5%溴氰菊酯乳油对水稀释至1 000倍液进行喷雾，防治效果较好。大豆菟丝子：使用48%双丁乐灵乳油或30%胺草膦乳油稀释成100~200倍液在大豆始花期使用。

（4）灌溉。根据降水情况，适时灌溉。小麦间作大豆一般采取大水漫灌的灌溉方式，在全生育期灌溉5~6次。第一次灌溉在4月下旬，每亩灌水量为80~100米^3，以后每隔15~20天灌水1次，每次灌水量为60~80米^3。小麦收获后至大豆收获期，根据降水情况再灌水1～2次，每次每亩灌水量为60～80米³。

（5）追肥。小麦、大豆间作，小麦需要的氮素营养较多，因此主要是给小麦追肥。小麦全生育期追肥2～3次，采用人工撒施或灌水冲施等方式，分别在小麦苗期每亩追施尿素5～8千克，在孕穗开花期每亩追施尿素3～5千克。

6.收获

（1）小麦。小麦收获期在7月中旬，如果采用较宽的小麦带幅，则可以在小麦带机械化收割，如果小麦带小于80厘米，则只能人工收获。

（2）大豆。大豆成熟后要及时收获，一般大豆适宜收获期在9月中下旬。收获过早籽粒尚未完全成熟，青粒秕粒多，影响产量和商品性，收获过晚也会因炸荚而造成籽粒脱落损失。

7.产量和经济效益计算

（1）目标产量。小麦、大豆间作体系亩产总目标为500～630千克，其中小麦产量380～450千克，大豆产量120～180千克。

（2）经济效益。小麦、大豆间作体系每亩总毛收入为1 326～1 665元，其中小麦1 026～1 215元，大豆为300～450元，扣除生产投入成本500～800元，每亩纯收入为526～865元。

（十三）针叶豌豆、马铃薯间套作模式

马铃薯的连作障碍问题严重。同时，马铃薯前期生长缓慢，对光、热、水和养分资源需求相对降低，资源利用效率较低。通过豌豆、马铃薯间套作（图33）一定程度上缓解马铃薯的连作障碍问题，同时提高了整个生长期资源利用的效率。豆科作物针叶豌豆插入马铃薯田也有利于维持或提高土壤肥力，同时，针叶豌豆可以为畜牧业提供饲料。通过这种种植方式，可以实现用地与养地结合、薯业和畜牧业共同发展，促进农村经济收入提高。

图33　针叶豌豆、马铃薯间套作

1.土壤、气候及适宜种植区域

（1）土壤。针叶豌豆、马铃薯间套作模式宜选择中等肥力以上、土壤pH 8.8以下，通透能力较强的壤土、沙壤土。该种植模式对前茬作物要求不严格，以豆科、玉米、小麦、棉花较好，冬季灌足冬水。

（2）气候。针叶豌豆、马铃薯间套作模式适宜于甘肃省大部分半湿润半干旱气候区，及具有灌溉条件的河西走廊、沿黄自流和井泉灌溉区，以及雨养地区。要求年均温度6.0 ～ 8.2℃，无霜期140天以上，年平均降水量350毫米以上，4 ～ 10月降水量200毫米以上，一年中≥10℃的有效积温在2 200 ～ 3 000℃。

（3）适宜种植区域。同大豆、玉米间作模式。

2.整地及施基肥

（1）整地。前茬作物收获后及时深耕灭茬，深度为25 ～ 30厘米，并及时平整土地，土壤封冻前每亩灌水80 ～ 100米^3，翌年开春土壤解冻前进行顶凌镇压、耙耱、保墒。土壤解冻后浅耕10 ～ 15厘米，平整、耙耱、保墒，以备播种。

（2）施基肥。①施肥量。每亩施用有机肥1 000 ～ 2 000千克、尿素（纯氮含量为46%）10 ～ 15千克、磷酸二铵（纯磷含量为46%、纯氮18%）15 ～ 20千克、硫酸钾（纯钾含量为50%）15 ～ 20千克。②施肥方法。播种前结合春季整地，采用全层施肥或垄上施肥。

3.品种选择及种植规格

（1）品种选择。针叶豌豆品种选用速生、早发的陇豌1号、陇豌2号。马铃薯应选用早熟、高产、淀粉含量高的品种，如大西洋、LK99、费乌瑞它、夏坡蒂、克星系列等脱毒种薯。

（2）种植规格。针叶豌豆待马铃薯种植起垄后随即在沟内播种，沟宽30厘米，每垄沟种植2行针叶豌豆，行距20厘米，株距10厘米，每穴2～3株，每亩保苗3.0万株。马铃薯垄宽为60厘米，垄高25厘米。每垄种2行，行穴眼相错呈等边三角形。行距为20厘米，株距30厘米。播深8~10厘米，每亩播种量150千克，每亩保苗4 500株为宜。马铃薯和针叶豌豆种植间距为30厘米（图34）。

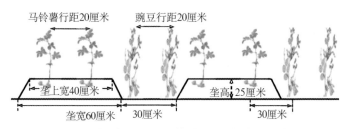

图34　针叶豌豆、马铃薯间套作种植规格

4.播种

（1）马铃薯。一般在4月下旬播种。有灌溉条件或生育期降水量较多且集中的地区多采用垄作方式（大垄双行）种植。播种后应随即起垄，要求垄面平直，宽窄一致，起垄后要打碎垄面上的土块，拣除硬残茬（有条件最好机械播种、起垄一次性完成）。

（2）针叶豌豆。马铃薯播种、起垄后随即在垄沟内播种针叶豌豆。采用穴播器点播，播种后镇压保墒。

5.田间管理

（1）补苗和间苗。马铃薯幼苗出土后2～3天要及时放苗，如发现缺苗要及时补种，针叶豌豆出苗后应及时查苗，如有缺苗应及时补种。

（2）除草。马铃薯生长期一般人工或机械除草3次左右，每次灌水前要除草1次。当豌豆苗高5～7厘米时中耕除草1次。针叶豌豆、马铃薯间套作不能施用除草剂。

（3）病虫害防治。①豌豆。间作豆科作物豌豆病害较少，无需防治。主要虫害是潜叶蝇，危害针叶豌豆的托叶，应及时用40%绿菜宝乳油1 000倍液，或48%毒死蜱乳油1 000倍液喷雾防治。②马铃薯。蚜虫：出苗后用50%抗蚜威可湿性粉剂2 500倍液喷雾防治2～3次。病毒病：用1.5%烷酯·硫酸铜可湿性粉剂1 000倍液加20%吗胍·乙酸铜可湿性粉剂600倍液喷雾防治，间隔7天喷1次，连喷3～4次。早（晚）疫病：田间发现早（晚）疫病中心病株时，用25%甲霜·锰锌可湿性粉剂800倍液喷雾防治1～2次。环腐病：发病初期用72%农用链霉素可溶性粉剂4 000倍液喷雾防治。播种时每亩沟施3%辛硫磷颗粒剂4～8千克可防地下害虫。

（4）灌溉。马铃薯播后30天左右陆续出苗，齐苗后浅灌水1次。以后根据降水和土壤湿度情况每15～20天浅灌水1次；开花盛期灌水要充足；收获前15天停止灌水。间作的豌豆不再另行施肥灌水。

（5）追肥。马铃薯现蕾期在垄面和垄沟距离植株10～13厘米处用木棍钻追肥孔，孔深6～7厘米，每亩追施尿素5～10千克。间作豌豆不再另行施肥灌水。

6.收获

（1）针叶豌豆。当马铃薯达到旺盛生长期，一般在6月上中旬应及时刈割豌豆，收割时可留茬15～20厘米，根茬翻压；或在豌豆盛花期直接将豌豆全株翻压肥田。

（2）马铃薯。当9月中下旬马铃薯植株大部分茎叶由绿变黄并逐渐枯黄时即可采挖薯块。收挖时应避免机械损伤。采收后分级包装出售或经晾晒、剔除病烂薯后严选入窖。

7.产量和经济效益计算

（1）目标产量。针叶豌豆、马铃薯间套作体系亩产总目标为3 150～4 200千克，其中针叶豌豆150～200千克，马铃薯3 000～4 000千克。

（2）经济效益。计算依据：马铃薯价格按照0.7元/千克、针叶豌豆按3.6元/千克计算。间作每亩成本：针叶豌豆种子10千克，计20元，种植针叶豌豆播种、收获用工费100元。

将针叶豌豆、马铃薯间套作种马铃薯产量与针叶豌豆产籽量(3年平均)进行经济效益核算比较。结果表明，3年平均每亩产值可达1 350元；较马铃薯单作净产值980元，增益37.8%，增加产值达370元。

（十四）春油菜、马铃薯间套作模式

春油菜、马铃薯栽培模式是对传统的单一马铃薯种植模式的改良，主要是在马铃薯种植基础上，通过间套作油菜，在保证马铃薯产量的同时，增加单位面积耕地的经济收入。

1.土壤、气候及适宜种植区域

（1）土壤。春油菜、马铃薯间套作模式适宜在土壤疏松、土层深厚、富含有效钾、具有灌溉条件的地区种植。

（2）气候。春油菜、马铃薯间套作模式要求种植地区年均温度6.0 ～ 8.2℃，无霜期140天以上，年平均降水量350毫米以上，4 ～ 6月降水量200毫米以上，一年中≥10℃的有效积温在2 200℃以上。

（3）适宜种植区域。该种植模式适宜在甘肃省武威市的凉州区、古浪县、民勤县，金昌市的金川区、永昌县，张掖市的甘州区、山丹县、民乐县、临泽县、高台县，酒泉市的肃州区、玉门市、敦煌市、金塔县、瓜州县等地区的灌溉地种植。

2.整地及施基肥

（1）整地。土壤解冻后浅耕10～15厘米，平整、耙糖、保墒，以备播种。

（2）施基肥。①施用量。每亩施有机肥2 000～4 000千克、磷酸氢二铵15～20千克、尿素10～15千克。②施肥方法。播前结合整地旋耕施入。

3.品种选择及种植规格

（1）品种选择。马铃薯应选用早熟、高产、淀粉含量高的品种，如陇薯7号、大西洋、LK99、费乌瑞它、夏坡蒂、克星系列等脱毒种薯。春油菜应选早熟、丰产品种，如陇油10号等。

（2）种植规格。马铃薯起垄规格为垄底宽60厘米、垄沟宽30厘米、垄高25～30厘米，两垄间形成灌水沟，每垄种植2行，呈三角形点种，行距30厘米，株距17～25厘米，播深10厘米。保苗密度根据品种而定，一般早熟品种每亩保苗5 500～6 000株，中晚熟品种每亩保苗4 500～5 000株。选用厚0.01毫米、宽90厘米的农膜覆盖垄面。春油菜种于垄沟，播深2～3厘米，每沟1行，穴距10～15厘米（图35）。

4.播种

马铃薯一般于4月上中旬气温稳定在5℃以上时采用马铃薯起垄、播种、覆膜一体机进行播种。春油菜在马铃薯播种后及时采用穴播器点播。

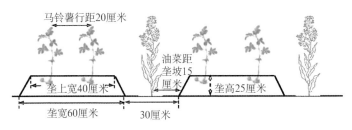

图35　春油菜、马铃薯间套作种植规格

5.田间管理

（1）种薯切块。选择脱毒无病种薯进行切块，每块种薯在25～50克大小，留2～3个芽眼，并用75%乙醇或0.1%高锰酸钾进行切刀消毒。切块用草木灰或马铃薯抗旱防病拌种剂拌种，堆放1天后播种。整薯播种一般选用20～50克小种薯。

（2）补苗与间苗。马铃薯幼苗出土后2～3天要及时破膜放苗，如发现缺苗要及时补种，及时破膜放苗。油菜出苗后也要及时查苗、补苗，以确保合理种植密度。

（3）除草。每次灌水前除草1次。

（4）病虫害防治。①马铃薯。同针叶豌豆、马铃薯间套作种植模式。②油菜。病害主要是菌核病、白锈病、霜霉病和病毒病，发病初期可用50%多菌灵可湿性粉剂，或50%百菌清可湿性粉剂，或58%甲霜·锰锌可湿性粉剂500倍液，40%菌核净可湿性粉剂或25%甲霜灵可湿性粉剂1 000倍液叶面喷施，每亩药液用量500～1 000毫升，间隔7～10天再喷1

次。油菜害虫主要是蚜虫、菜青虫、跳甲，播种前用40%毒·辛乳油200毫升对水200毫升拌种1千克可防治跳甲、茎象甲。薹花期用40%乐果乳油和2.5%溴氰菊酯乳油等倍量混合1 000倍液整株喷雾2～3次，可防治蚜虫和菜青虫。

（5）灌溉。在马铃薯发棵期、开花期、膨大期各灌水1次，做到灌水不漫垄。春油菜无需单独灌水。

（6）追肥。在马铃薯现蕾期在垄面和垄沟距离植株10～13厘米处用木棍钻追肥孔，孔深6～7厘米，每亩追施尿素5～10千克。

6.收获

（1）春油菜。终花后25～30天，全田有2/3角果呈枇杷黄色即可收获，避免割青或裂角吊粒造成减产。收割后田间晾晒3～7天完成后熟。

（2）马铃薯。地上茎叶由绿变黄，叶片脱落，茎枯萎，地下块茎停止生长，并易与薯秧分离时，产量达到最高，这时应及时进行收获。对还未成熟的晚熟品种，在霜冻来临之前，应采取药剂杀秧、轧秧、割秧等办法提前催熟，及早收获，以免遭受霜冻造成损失。收获后块茎要进行晾晒、发汗，严格剔除病烂薯和伤薯。

7.产量和经济效益计算

该模式春油菜亩产50千克，按市场价2.4元/千克出售，每亩产值120元；马铃薯每亩产量2 500千克，按市场价0.7元/千克出售，每亩产值1 750元，合计产值1 870元。

（十五）西瓜、白菜、马铃薯间套作模式

该模式是在西瓜地上套种白菜、马铃薯，在单位面积上通过合理布局、协调生长，实现一年三熟，充分利用了光、热、水、养分等资源，提高土地利用率和产出率。

1.土壤、气候及适宜种植区域

（1）土壤。选择耕作土层深厚，质地疏松，有机质含量高，土壤肥沃的地块。

（2）气候。西瓜、白菜、马铃薯间套作模式适宜于甘肃省大部分半干旱气候区，或有灌溉条件的河西走廊、沿黄自流和井泉灌溉区。要求年均温度7.0 ~ 8.2℃，无霜期140天以上，一年中≥10℃的有效积温在2 200℃以上。

（3）适宜种植区域。同大豆、玉米间作模式。

2.整地及施基肥

（1）整地。选择地势平坦、灌溉方便、四周无树木遮阳，5年以内没有种过瓜类的地块，以沙壤土为好。前茬收获后，耕晒土地2次。

（2）施基肥。①施肥量。于4月中旬结合整地，每亩施农肥2 000千克、过磷酸钙100千克、尿素10

千克。②施肥方法。播种前结合春季整地，采用全层施肥。

3.品种选择及种植规格

（1）品种选择。西瓜品种选用要结合当地市场需求选择生长期短、果形美观、适口性好、抗病性强的优质高产的种子，如西农8号、绿宝、黑美人等。白菜品种选择北京小杂60、西白3号、丰抗78、改良3号等。马铃薯应选用早熟、高产、淀粉含量高的品种，如大西洋、LK99、费乌瑞它、夏坡蒂、克星系列等脱毒种薯。

（2）种植规格。于4月中旬按旱塘宽140厘米、高20厘米，水沟宽60厘米、沟深30厘米的规格起垄、挖沟。西瓜行距110厘米，垄上种2行，穴距30~50厘米，每穴2粒，每亩保苗500~800株。白菜单行种植于垄沟中，穴距40厘米，每穴3~4粒。马铃薯每垄种2行，以行距为70厘米，株距30厘米。每亩播种量150千克，每亩保苗4 500株为宜（图36）。

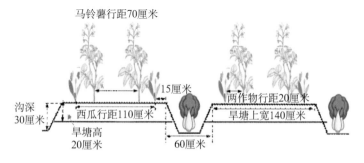

图36 西瓜、白菜、马铃薯间套作种植规格

4.播种

适时覆膜播种、规格种植。旱塘做好后在播种前7天左右用小水洇塘1～2次，要做到洇足、洇透、严禁旱塘进水。待水干后要及时覆膜，选宽140厘米、厚0.05～0.08毫米的地膜，每幅膜盖一沟两坡。

（1）西瓜。于5月1日前后播种，播于旱塘埂顶。

（2）白菜。在西瓜播种后，即5月5日左右进行播种，播于水沟底部。

（3）马铃薯。于西瓜蔓长15～20厘米（即6月8～10日）在旱塘两侧各播1行（距西瓜20厘米外），穴距10～15厘米，每穴2～3切块。播种深度8～10厘米。

5.田间管理

（1）补苗和间苗。西瓜、白菜、马铃薯幼苗出土后2～3天要及时放苗，如发现缺苗要及时补种。

（2）除草。马铃薯生长期一般人工或机械除草3次左右，每次灌水前要除草1次。

（3）病虫害防治。①西瓜。主要病害有枯萎病和白粉病，虫害以蚜虫为主。枯萎病可用50%腐霉利可湿性粉剂1 200～1 500倍液，或50%异菌脲可湿性粉剂1 000～1 200倍液0.25千克/株灌根防治，每隔5～7天灌1次，连续防治2～3次；白粉病可用70%甲基硫菌灵可湿性粉剂600倍液喷雾防治。蚜虫可在田间每亩悬挂25厘米×40厘米的黄板30～40

块诱杀，或用0.3%苦参碱水剂800～1 000倍液喷雾防治。蚜虫点片发生时可用50%抗蚜威可湿性粉剂800~1 000倍液喷雾防治。②马铃薯。其病虫害治同针叶豌豆、马铃薯间套作种植模式。③白菜。白菜主要的病虫害有蚜虫、菜青虫、甜菜夜蛾和软腐病、霜霉病、病毒病。虫害可以用45%辛硫磷乳油1 000倍液、2%阿维菊素乳油1 000～1 500倍液交替喷雾防治；软腐病发病时用20%农用链霉素可湿性粉剂150~ 200倍液，或90%硫酸链霉素·土霉素可湿性粉剂4 000倍液喷雾，或用70%敌磺钠可溶性粉剂500~1 000倍液浇灌病株及周围的健株根部。大白菜霜霉病主要在莲座期至包心期发生，用75%百菌清可湿性粉剂500~600倍液，或40%三乙膦酸铝可湿性粉剂150~ 200倍液防治，连续防治2~3次。大白菜病毒病又称孤丁病，防治时还应注意蚜虫，可用1.5%烷醇·硫酸铜乳剂1 000倍液和50%抗蚜威可湿性粉剂2 000倍液进行喷雾防治。

（4）灌溉。灌水以西瓜为主，在西瓜6叶期、幼瓜膨大期、成熟前1周灌水，全生育期灌水3～4次。

（5）追肥。西瓜幼瓜膨大期灌二水时，每亩追施硝酸铵10千克，灌水时要严禁旱塘进水。西瓜成熟前1周，将旱塘西瓜抬在旱塘边上，同时给马铃薯施肥，每亩施过磷酸钙50千克、尿素10千克、氯化钾10千克，并在旱塘中间开宽50厘米、深30厘米沟给马铃薯培土。随后及时灌水，以后马铃薯每隔20天左右灌水1次，以防干旱。

6.收获

西瓜于8月上中旬成熟，要及时掏籽，8月中旬拔秧。白菜在6月底成熟时采收。马铃薯于10月中旬地上部枯黄后采收。

7.产量和经济效益计算

（1）目标产量。西瓜、白菜、马铃薯间套作体系亩产总目标：西瓜3 500～4 000千克，白菜2 200～2 800千克，马铃薯1 500～2 000千克。

（2）经济效益。产值按西瓜1.0元/千克、白菜0.6元/千克、马铃薯0.7元/千克计算。

将西瓜、白菜、马铃薯间套作体系的产量（3年平均）进行经济效益核算比较。结果表明，每亩西瓜平均产量3 500千克，产值3 500元；每亩白菜平均产量2 355千克，产值1 413元；每亩马铃薯平均产量1 650千克，产值1 155元。每亩总产值6 068元。

（十六）西瓜、向日葵间套作模式

西瓜、向日葵间套作种植模式在西瓜中插入向日葵，西瓜生长期短（7～8月大量上市），可错开两作物间的共生期矛盾，并且后期向日葵能够正常成熟。西瓜种植采用地膜覆盖，地膜能有效提高土壤温度，保住土壤水分。另外种植西瓜的土壤在西瓜整个生长过程中施用了足够的有机肥等底肥，肥料能被下茬作物向日葵吸收利用，减少化肥投入，提高肥料利用率，从而降低成本，增加农民收入。因此这两种作物生产上有时间差和营养供给差，能充分利用光、热、水和养分资源，改善群体的生长环境。该模式种植方法简单、便于操作、适应性广、生产成本低，可作为种植业结构调整和发展高产优质高效农业的主导模式进行推广应用。

1.土壤、气候及适宜种植区域

（1）土壤。西瓜、向日葵间套作模式选择土质肥沃、沙质土壤的生荒地最为适宜。西瓜耐旱怕湿，应选择地势较高、排水方便、土层深厚、透气性良好的田地。西瓜地前茬作物以玉米、小麦等作物为好，前茬是豆类、瓜类等作物时，西瓜病害发生相对较重。

（2）气候。西瓜、向日葵间套作种植模式适宜于甘肃省大部分半湿润半干旱气候区，有良好灌溉条件的灌溉区。要求年均温度6.0～8.2℃，无霜期140天以上，一年中≥10℃的有效积温在2 200～3 000℃。

（3）适宜种植区域。同大豆、玉米种植模式。

2.整地及施基肥

（1）整地。前茬收获后及时深耕灭茬，深度为25～30厘米，并及时平整土地。土壤封冻前每亩灌水80～100米³，翌年开春土壤解冻前进行镇压、耙耱、保墒。土壤解冻后浅耕10～15厘米，平整、耙耱、保墒，以备播种。

（2）施基肥。结合春季整地，施足基肥。每亩施入有机肥1 000 ～ 3 000千克、磷酸氢二铵15 ～ 20千克、硫酸钾20千克。在整地时采用全层施肥，先将施入的有机肥均匀散开，铺在土壤表面，再将两种化肥混合均匀后撒施，最后结合整地翻埋掺在土壤耕作层。

3.品种选择及种植规格

（1）品种选择。西瓜要结合当地市场需求选择生长期短、果形美观、适口性好、抗病性强的优质高产的品种，如西农8号、绿宝、黑美人等。要根据当地市场需求选择向日葵品种。向日葵应该选择商品性好、产量高的杂交品种，可选择LD5 009、RH3 148、H658、765C、RH118等品种。杂交种的发芽率要达到90%以上。

（2）种植规格。西瓜种植行距140厘米，垄上种2行，株距30 ～ 50厘米，每亩保苗500 ～ 800株。向日葵行距40厘米，株距30 ～ 50厘米，垄沟种2行，每亩保苗1 800 ～ 2 000株。西瓜和向日葵种植间距为10 ～ 20厘米（图37）。

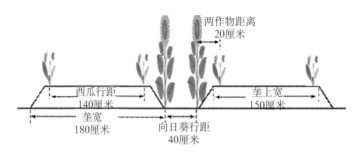

图37　西瓜、向日葵间套作种植规格

4.播种

（1）向日葵。在6月中旬西瓜坐稳进入膨大期后，沟内灌水。在沟底两侧种植向日葵。每穴播种2～4粒，播深4～5厘米。行距40厘米，株距40～50厘米，播种后在播穴孔上埋土保墒。

（2）西瓜。西瓜适当早播，当10厘米地温稳定在15℃以上，凌晨气温不低于5℃时即可播种，金昌地区4月中旬播种。选用膜下种植模式，起垄后，开播种穴，浇足底水，进行定植或播种，播种穴覆土后，土表面或瓜苗顶端比畦面低3～4厘米时，立即覆盖地膜，幼苗出土或温度稳定后，及时划破地膜透气，气温升至瓜苗生长适宜温度后，在傍晚将瓜苗放出膜面，并用土将膜边封严。

5.田间管理

（1）间苗、定苗、压蔓。西瓜第一片真叶展平后进行间苗，每穴保留壮苗1～2株；西瓜5～6片真叶时，每穴选留1株健壮的瓜苗。间苗时在近地基部掐断，忌拔除，如果缺苗，应及时补栽。西瓜需要整枝压蔓。整枝采用双蔓整枝，去除主蔓上的第一雌花及根瓜。西瓜进入伸蔓初期以后整理、摆放瓜蔓；瓜蔓长40～50厘米时进行第一次压蔓，以后每间隔4～6节再压蔓1次，使各条瓜蔓在田间均匀分布，防止大风刮翻枝蔓影响坐瓜生长。向日葵幼苗2片真叶时定苗，缺苗及时进行补种。

（2）中耕除草。西瓜伸蔓期、花期、果实膨大期结合整枝压蔓铲除垄上和沟间的杂草。定苗后及时进行中耕除草，西瓜采收后，进行第二次中耕除草。

（3）留瓜、翻瓜。幼瓜生长至鸡蛋大小、开始褪毛时，选留主蔓第二或第三雌花节位上果型端正的西瓜，其余全部去除，采用单蔓、双蔓整枝时，每株留1个瓜，多蔓整枝时1株可留2个以上的瓜。幼果长至拳头大时顺直果柄，把瓜下土拍平或垫上麦秸、稻草后摆正。果实停止生长后，下午顺一个方向进行翻瓜，翻转角度不超过30°。

（4）病虫害防治。西瓜主要病虫害有猝倒病、枯萎病、蔓枯病、炭疽病、蚜虫。猝倒病防治采用72.2%霜霉威盐酸盐水剂600倍液或72%霜脲·锰锌可湿性粉剂600倍液喷雾。枯萎病防治采用98%噁霉灵可湿性粉剂2 000倍液灌根或50%多菌灵可湿性粉剂500倍液灌根。蔓枯病防治采用70%甲基硫菌灵可湿性粉剂600倍液喷雾或50%异菌脲可湿性粉剂1 200倍液喷雾。炭疽病采用70%甲基硫菌灵可湿性粉剂600倍液喷雾、10%苯醚甲环唑水分散粒剂600倍液喷雾或2%抗霉菌素120水剂200倍液喷雾。蚜虫防治采用10%吡虫啉可湿性粉剂4 000～5 000倍液喷雾、3%苦参碱水剂1 500倍液喷雾或5%鱼藤酮乳油600～800倍液喷雾。

（5）肥水管理。西瓜定植时浇足底水，伸蔓期根据土壤墒情及时补水，瓜膨大期浇1次大水，然后种植向日葵。西瓜伸蔓期结合中耕每亩施尿素 5 ~ 7 千克，或复合生物肥 16 ~ 20 千克。幼瓜膨大时，每亩追施磷酸氢二铵 16 ~ 20 千克、硫酸钾 5 ~ 7 千克，或复合生物肥 16 ~ 20 千克。西瓜坐果前后用 0.2% 的磷酸二氢钾进行叶面追施。西瓜采收后，向日葵进入旺盛生长期，结合浇水，每亩追施磷酸二氢钾 20 千克、硫酸钾 10 千克。

6.收获

（1）西瓜。西瓜收获期在 7 月中旬。判断西瓜成熟度可依品种熟性，根据坐瓜标记计算授粉后天数，达到坐果后一定天数即可准确判断成熟，及时采收；另外也可依据成熟西瓜的特征确定收获时期，如果面花纹清晰，表面有光泽，脐部、蒂部收缩，坐果节位卷须枯焦，果柄上茸毛稀疏或脱落，用手指弹敲发出疲浊的声音。

（2）向日葵。向日葵收获期在 9 月中下旬，一般采用机械收获。当向日葵上部的茎秆及向日葵花盘的背面出现了明显的黄色或花冠出现脱落之后，可以及时进行收获。

7.产量和经济效益计算

（1）目标产量。西瓜向日葵间套作体系亩产总目标为 1 950 ~ 3 200 千克，其中西瓜产量 1 800 ~ 3 000 千克，向日葵产量 150 ~ 200 千克。

（2）经济效益。西瓜、向日葵间套作体系每亩总毛收入在1 200 ～ 1 800元，其中西瓜800 ～ 1 500元，向日葵为300 ～ 400元。扣除每亩生产投入成本500 ～ 800元，纯收入为700 ～ 1 000元。

三、甘肃、宁夏沿黄灌区间套作种植技术

（一）马铃薯、玉米间套作模式

马铃薯、玉米间套作模式（图38）应用两种作物高矮搭配、生育期长短搭配，使马铃薯能早熟早上市，后期也留给玉米更多的空间，能够充分利用光、热、水、土等资源。该模式有种植方法简单、便于操

图38　马铃薯、玉米间套作

作、生产成本低、经济效益高的特点，可作为种植业结构调整和发展高产优质高效农业的主导模式进行推广应用。

1.土壤、气候及适宜种植区域

（1）土壤。马铃薯、玉米间套作模式适宜在灰钙土、灌漠土、黄绵土、灌淤土、潮土区种植。

（2）气候。马铃薯、玉米间套作模式适宜 ≥ 0℃ 有效积温 3 200℃ 以上， ≥ 10℃ 有效积温 2 600℃ 以上，无霜期 160 天以上，年降水量 200 毫米以上的地区。

（3）适宜种植区域。该模式适宜种植在沿黄灌区（甘肃—宁夏段）甘肃省临夏回族自治州的临夏市、临夏县、永靖县，兰州市的西固区、红古区、永登县、榆中县、皋兰县，定西市的安定区和临洮县，白银市的平川区、会宁县、靖远县、景泰县；宁夏回族自治区的中卫市的沙坡头区、中宁县，吴忠市的利通区、青铜峡市，银川市的兴庆区、西夏区、灵武市、永宁县、贺兰县，石嘴山市的大武口区、惠农区、平罗县。

2.整地及施基肥

（1）整地。采用垄作技术，上一年秋季前茬作物收获后、冬灌前，深翻 20 厘米，耙耱，将土地整平，冬灌，10 天左右地略干后轻耱 1 次，春季解冻前再重耱 1 次，以保墒和回潮。春季回暖后用手扶拖拉机或小四轮施肥，起垄。

（2）施基肥。①施肥量。每亩总施肥量为氮（N）40千克、磷（P_2O_5）20千克、钾（K_2O）15千克，基肥一般每亩施普通过磷酸钙（含$P_2O_5$14%）50千克、磷酸氢二铵30千克、尿素10千克、硫酸钾20千克；马铃薯苗期、盛花期每亩追施尿素10千克，块茎膨大期追施尿素10千克、硫酸钾10千克；两者共生期间不再单独给玉米追肥，马铃薯收获后，在玉米拔节期和大喇叭口期每亩追施尿素15千克。②施肥方法。基肥在播种前结合起垄，用手扶拖拉机或小四轮带动施肥器施在垄底，马铃薯的追肥用追肥枪追施，马铃薯收获后玉米的追肥采用撒施方式。

3.品种选择及种植规格

（1）品种选择。马铃薯一般选用早熟或中早熟品种，比较适合甘肃种植的有克新4号、克新9号、费乌瑞它、罗兰德、中薯2号、中薯3号、呼薯4号等。玉米品种选用先玉335、豫玉22号、长城706、敦玉2号、郑单958、武科2号等。

（2）种植规格。垄底宽80厘米、垄面宽60厘米、垄高20厘米、垄沟宽40厘米，海拔较高和光热条件较差的地区，可覆120～140厘米地膜。垄沟内种2行玉米，行距40厘米，株距20～25厘米，每穴1株，每亩保苗4 500~6 000株。垄上种2行马铃薯，行距40厘米，株距35厘米（图39）。

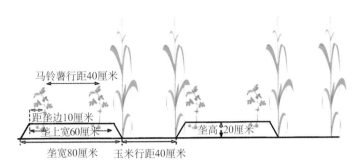

图39 马铃薯、玉米间套作种植规格

4.播种

（1）马铃薯。马铃薯一般在3月上中旬顶凌播种，播前先施肥、起垄，垄上播种，之后覆膜。

（2）玉米。玉米于4月中下旬播种，人工点播在垄侧。

5.田间管理

（1）补苗和间苗。马铃薯不需要补苗和间苗。玉米最好采用1粒、2粒间隔点播的方法，以确保苗全，玉米苗期需要扳除个别分蘖。

（2）除草。马铃薯草害主要有马唐、牛筋草、狗尾草、旱稗、千金子、马齿苋、藜、反枝苋、早熟禾、硬草等，可于播前每亩用48%氟乐灵乳油100～125毫升，对水30千克，均匀喷在土壤表面，为避免见光分解，要尽快起垄覆膜。

（3）病虫害防治。马铃薯病害主要有晚疫病、早疫病、病毒病和环腐病。晚疫病可用72%霜脲·锰锌可湿性粉剂800～1 000倍液，或65%代森锌可湿性粉剂500倍液，或50%敌菌灵可湿性粉剂500倍液，或75%百菌清可湿性粉剂600～800倍液喷雾。早疫病在发病初期，可喷波尔多液、霜脲·锰锌水剂、50%敌菌灵可湿性粉剂、65%代森锌可湿性粉剂等药剂进行防治，方法同马铃薯晚疫病。病毒病主要靠蚜虫传播，因此防治的主要任务是喷药治蚜，可选用25%吡虫啉可湿性粉剂、50%抗蚜威可湿性粉剂、25%氰戊·辛硫磷乳油、1.8%阿维菌素乳油等农药进行防治。环腐病的预防可将种薯消毒，可用50%硫菌灵可湿性粉剂500倍液或1 000倍的0.1%氯化汞水溶液浸泡种薯2小时，然后晾干播种。还可选用种薯质量0.1%～0.2%的敌磺钠加草木灰拌种，也有良好的防效。玉米瘤黑粉病在瘤未出现前，喷洒15%三唑酮可湿性粉剂2 000～3 000倍液，10%烯唑醇可湿性粉剂2 000～3 000倍液，0.5%硫酸铜等均有较好的防治效果。

（4）灌溉。全生育期灌水7次，每亩用水580米^3，其中马铃薯苗期每亩灌水60米^3，盛花期和块茎膨大期各灌水80米^3，马铃薯收获后正值玉米拔节期，此时每亩需灌水80米^3，大喇叭口期每亩需灌水100米^3，抽雄期每亩需灌水100米^3，乳熟期灌水80米^3。

（5）追肥。马铃薯苗期、盛花期每亩各追施尿素10千克，块茎膨大期追施尿素10千克、硫酸钾10千克；马铃薯收获后，在玉米拔节期和大喇叭口期每亩各追施尿素15千克。玉米追肥采用撒施，马铃薯追肥用追肥枪，追施在距马铃薯主茎基部5厘米处。

6.收获

（1）马铃薯。马铃薯一般在6月中下旬至7月上旬收获，由于是与玉米间作，又是垄作，因此很难实现机械化操作。此时正值上季马铃薯售完而当季晚熟马铃薯尚未收获之际，因此可根据市场需求及价格早收获。当单薯产量在150克以上、价格较高或比较稳定时，即可收获。收获时薯秧一般是绿色的，没有发病的地块在人工将马铃薯挖出后，将垄上的土破开，将薯秧埋在玉米行间作为绿肥。

（2）玉米。玉米9月下旬至10月上旬用收割机收获，秸秆还田。

7.产量和经济效益计算

（1）目标产量。以2行马铃薯间套作2行玉米为例，马铃薯的目标亩产是2 000千克，玉米的目标亩产750千克。

（2）经济效益核算。①投入。玉米种子每亩2千克，按20元/千克计算，约40元；马铃薯种薯每亩120千克，按2.0元/千克计算，约240元；化肥价格：氮肥（N）2.83元/千克，磷肥（P_2O_5）3.00元/千克，钾肥（K_2O）5.00元/千克，每亩约380元；

水费每亩按700米³（含冬灌水120米³）、0.30元/米³计算，约210元；机械动力每亩约100元；劳动力成本每亩约300元；地膜每亩50元。②产出。马铃薯亩产2 000千克，按1.4元/千克收购价，产值2 800元；玉米亩产750千克，按2元/千克收购价，产值1 500元；秸秆每亩收益约100元。每亩总纯收益为3 380元。

（二）胡麻、玉米间套作模式

胡麻、玉米间套作模式（图40）采用两种作物高矮搭配、生育期长短搭配，能充分利用光、热、水、土资源，且种植方法简单、操作方便、生产效益高，可作为种植业结构调整和发展高产优质高效农业的主导模式进行推广应用。

图40　胡麻、玉米间作

1.土壤、气候及适宜种植区域

（1）土壤。胡麻、玉米间套作模式适宜在灰钙土、灌漠土、黄绵土、灌淤土、潮土区种植。

（2）气候。胡麻、玉米间套作模式适宜 $\geqslant 0℃$ 有效积温 3 200℃ 以上， $\geqslant 10℃$ 有效积温 2 600℃ 以上，无霜期160天以上，年降水量200毫米以上的地区。

（3）适宜种植区域。同马铃薯、玉米间套作模式。

2.整地及施基肥

（1）整地。采用平作技术，上一年秋季前茬作物收获后、冬灌前，深翻20厘米，耙糖，将土地弄平整，冬灌，10天左右地略干后轻糖1次，春季解冻前再重糖1次，以保墒和回潮。春季回暖后用手扶拖拉机或小四轮带动施肥器施肥，耙糖。海拔较高和光热条件较差的地区，可覆70～80厘米地膜，种2行玉米、3～6行胡麻。

（2）施基肥。①施肥量。每亩总施肥量为氮（N）25千克、磷（P_2O_5）10千克，磷肥全部做基肥，一般每亩施普通过磷酸钙（含$P_2O_5$14%）50千克、磷酸氢二铵6.5千克；氮肥的40%做基肥，即在基施6.5千克磷酸氢二铵的基础上，再基施尿素（含N46%）20千克。其余氮肥在玉米拔节期和大喇叭口期各追施30%，即每次每亩施尿素16千克。②施肥方法。基肥在播种前用手扶拖拉机或小四轮带动施肥器一次性深施，追肥用追肥枪追施给玉米或灌水前撒施在玉米行。

3.品种选择及种植规格

（1）品种选择。胡麻品种选用陇亚7号、8号、9号、10号或定亚18号、19号、20号。玉米品种选用先玉335、豫玉22号、长城706、敦玉2号、郑单958、武科2号等。

（2）种植规格。胡麻种植行距13～15厘米，每亩播种量2.0～4.0千克，采用80厘米+40厘米或80厘米+70厘米的宽窄行种植，每个带幅120厘米或150厘米，在宽行中种3行、4行或6行胡麻。根据不同玉米品种耐密性，株距20～25厘米，行距40厘米（窄行），种2行，每穴1株，每亩保苗4 500～6 000株。玉米和胡麻的种植间距一般为15～20厘米（图41）。

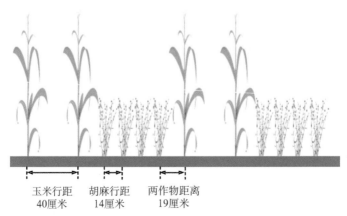

图41 胡麻、玉米间套作种植规格

4.播种

（1）胡麻。胡麻一般在3月下旬至4月上旬播种，用手扶拖拉机带动4行播种机播种，播深约5厘米；若玉米需要覆膜，则先覆膜，再用3行播种机人工播种。

（2）玉米。玉米于4月中下旬播种，人工点播在胡麻行间或地膜上。

5.田间管理

（1）补苗和间苗。胡麻若有缺苗，可用手锄拉开缺苗部分后直接将种子撒在沟内，然后覆土。玉米若有缺苗，可先将种子催芽，之后用铲子豁开人工补苗。补苗时间一般应在胡麻或玉米出苗后5天之内完成。胡麻不需要间苗，玉米苗期需要拔除个别分蘖。

（2）除草。于前一年土壤封冻前或翌年播种前，每亩用48%双丁乐灵乳油100～120毫升，对水30千克，均匀喷施在地表，然后耙糖。胡麻5～10厘米时施药，每亩用25%溴苯腈乳油50～70毫升，对水30千克均匀喷施在杂草表面，有较好的除草效果。

（3）病虫害防治。①胡麻。主要的虫害是金针虫、地老虎等地下害虫，可在播前用辛硫酸磷掺细土撒于土壤表面或用50%辛硫磷乳油拌种。胡麻在播前可用种子质量0.3%的50%多菌灵可湿性粉剂拌种，可有效防治胡麻主要田间病害。炭疽病可用60%多·福可湿性粉剂或50%甲基硫菌灵悬浮剂、70%甲基硫菌灵可湿性粉剂等防治；枯萎病可用64%恶霜·锰锌可湿性粉剂、20%哌丙灵乳油防治；立枯病、白粉病用甲基硫菌灵可湿性粉剂、代森锰锌可湿性粉剂防治；锈病可用萎锈灵乳剂或代森锰锌可湿性粉剂、三唑酮可湿性粉剂防治；菌核病可用70%甲基硫菌灵可湿性粉剂、50%多菌灵可湿性粉剂防治。②玉米。蚜虫可用10%吡虫啉可湿性粉剂、5%氟虫腈悬浮剂或50%抗蚜威可湿性粉剂防治。在7～8月红蜘蛛爬到玉米植株上时，可用80%炔螨特乳油3 000倍液、10%四螨嗪可湿性粉剂2 000倍液等防治。玉米瘤黑粉病在瘤未出现前，喷洒15%三唑酮可湿性粉剂2 000～3 000倍，10%烯唑醇可湿性粉剂2 000~3 000倍，0.5%硫酸铜溶液等均有较好的防治效果。

（4）灌溉。灌溉以玉米为主，全生育期灌水5次，每亩灌水量420米^3，其中玉米刚出苗时、胡麻苗期每亩灌水60米^3，玉米拔节期每亩灌水80米^3，玉米大喇叭口期每亩灌水100米^3，玉米抽雄期每亩灌水100米^3，玉米乳熟期每亩灌水80米^3。

（5）追肥。胡麻生长期间不再追肥。玉米的氮肥分别在拔节期和大喇叭口期每亩各追施16千克尿素，追肥用追肥枪追施在距玉米茎基5厘米处或灌水前撒施在玉米行。

6.收获

（1）胡麻。胡麻7月下旬人工收获。

（2）玉米。玉米9月下旬至10月上旬用收割机收获，秸秆还田。

7.产量和经济效益计算

（1）目标产量。以4行胡麻间套作2行玉米为例，胡麻的目标亩产是150千克，玉米的目标亩产量是750千克。

（2）经济效益核算。①投入。玉米种子每亩2千克，按20元/千克价格计算，约40元；胡麻种子每亩3千克，按8.0元/千克价格计算，约24元。化肥价格：氮肥（N）2.83元/千克，磷肥（P_2O_5）3.00元/千克，每亩成本约100元；每亩用水量按540米^3（含冬灌水120米^3）、0.30元/米^{3}计算，每亩成本约160元；机械动力成本每亩约100元；劳动力成本每亩约160元；地膜成本每亩50元。②产出。胡麻亩产150千克，按6元/千克计算，产值900元；玉米亩产750千克，按2元/千克计算，产值1 500元；秸秆亩收入约100元。最终亩总纯收益1 866元。

（三）洋葱、玉米间套作模式

洋葱、玉米间套作模式采用两种作物高矮搭配、生育期长短搭配的方式，将粮食作物与经济作物间套作搭配种植，充分利用光、热、水、土资源。该模式种植方法简单、便于操作、生产成本低、经济效益高，可作为种植业结构调整和发展高产优质高效农业的主导模式进行推广应用（图42和图43）。

图42 洋葱、玉米间套作（两作物共同生长期）

图43 洋葱、玉米间套作（洋葱成熟期）

1.土壤、气候及适宜种植区域

（1）土壤。洋葱、玉米间套作模式适宜在灰钙土、灌漠土、黄绵土、灌淤土、潮土区种植。

（2）气候。同洋葱、玉米间套作模式。

（3）适宜种植区域。同马铃薯、玉米间套作模式。

2.整地及施基肥

（1）整地。采用平作技术，上一年秋季前茬作物收获后、冬灌前，深翻20厘米，耙糖，将土地整平，冬灌，10天左右地略干后轻糖1次，春季解冻前再重糖1次，以保墒和回潮。春季回暖后用手扶拖拉机或小四轮施肥，耙糖。海拔较高和光热条件较差的地区，可覆70～80厘米地膜，种2行玉米、6行洋葱。

（2）施基肥。①施肥量。每亩总施肥量为氮（N）30千克、磷（P_2O_5）12千克，磷肥全部做基肥，一般每亩施普通过磷酸钙（含$P_2O_5$14%）50千克、磷酸氢二铵10千克；氮肥的40%做基肥，即在基施10千克磷酸氢二铵的基础上，再基施尿素（含N 46%）20千克。其余氮肥在洋葱鳞茎膨大期、玉米拔节期和玉米大喇叭口期各追施20%，即每次每亩施10千克尿素。②施肥方法。基肥在播种前用手扶拖拉机或小四轮带动施肥器一次性深施，追肥用追肥枪追施给玉米或灌水前撒施在玉米和洋葱行。

3.品种选择及种植规格

（1）品种选择。洋葱品种选用北京黄皮、北京紫皮、高桩红皮、甘肃紫皮、大水桃、黄玉葱等。玉米品种选用先玉335、豫玉22号、长城706、敦玉2号、郑单958、武科2号等。

（2）种植规格。前一年秋天育苗（8月底、9月初），葱苗长到20厘米左右时挖出，窖藏或用土堆埋。翌年春天（3月初）先覆膜，4～5天后移栽洋葱，行距13～15厘米，每个带幅移栽6行，采用80厘米+70厘米的宽窄行种植，每个带幅150厘米。根据不同品种耐密性，株距20～25厘米、行距40厘米（窄行），每穴1株，每亩保苗4 500～6 000株。玉米和洋葱的种植间距一般为15～20厘米（图44）

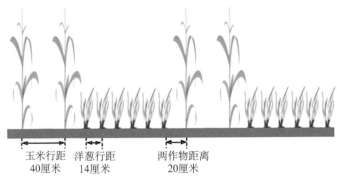

图44 洋葱、玉米间套作种植规格

4.播种

（1）洋葱。洋葱一般在3月上旬顶凌播种，播前先施肥、覆膜。

（2）玉米。玉米于4月中下旬播种，人工点播在洋葱行间。

5.田间管理

（1）补苗和间苗。洋葱因为是育苗移栽，密度也较大，因此不需要补苗和间苗。玉米最好采用1粒、2粒间隔点播的方法，以确保苗全，玉米苗期需要拔除个别分蘖。

（2）除草。洋葱育苗时，每亩可用50%扑草净可湿性粉剂65～75克，对水40～60千克喷雾；洋葱在整地之后移栽之前，每亩可用24%乙氧氟草醚乳油66～72毫升，或用43%旱草灵80～100毫升，分别对水50～60千克喷雾；洋葱栽后3～4叶期，每亩可用24%乙氧氟草醚乳油66～72毫升，或用42%旱草灵乳油80～100毫升，分别对水50～60千克喷雾。

（3）病虫害防治。洋葱最主要的病害有霜霉病和灰霉病。霜霉病可在发病初期喷洒90%三乙膦酸铝可湿性粉剂400～500倍液，或75%百菌清可湿性粉剂600倍液，或50%甲霜铜可湿性粉剂800～1 000倍液，或72.2%的普力克水剂800倍液等药剂，隔7～10天喷1次，连续防治2～3次。灰霉病可在发病初期轮换喷淋50%多菌灵或70%甲基硫菌灵可湿性粉剂500倍液，必要时还可选用50%腐霉利可湿性粉剂、50%异菌脲可湿性粉剂及50%乙烯菌核利水分散剂1 000～1 500倍液喷雾，效果较好。玉米瘤黑粉病在瘤未出现前，喷洒15%三唑酮可湿性粉剂2 000～3 000倍液，10%烯唑醇可湿性粉剂2 000～3 000倍液，0.5%硫酸铜等均有较好的防治效果。

（4）灌溉。灌溉以玉米为主，全生育期灌水6

次，每亩灌水量480米^3，其中洋葱移栽后换秧期每亩灌水60米^3，玉米出苗期每亩灌水60米^3，拔节期每亩灌水80米^3，大喇叭口期每亩灌水100米^3，抽雄期每亩灌水100米^3，乳熟期每亩灌水80米^3。

（5）追肥。洋葱鳞茎膨大期、玉米拔节期和玉米大喇叭口期每亩各追施尿素10千克，洋葱追肥采用撒施，玉米追肥用追肥枪追施在距玉米茎基5厘米处或灌水前撒施在玉米行。

6.收获

（1）洋葱。洋葱一般在6月中下旬至7月上旬收获，其成熟的标志是鳞茎充分膨大，外层的鳞片干燥并半革质化，基部第一、第二片叶枯黄，第三、第四片叶尚带绿色，假茎失水变软，植株的地上部分倒伏。采收过早，鳞茎尚未充分肥大，产量低，同时鳞茎的含水量高，易腐烂，易萌芽，贮藏难度大；采收过迟，易裂球，如果迟收遇雨，鳞茎不易晾晒，难于干燥，容易腐烂。因此，采收应在晴天进行，并且在收获以后有几个连续的晴天最好。收获时整株拔出，放在地头晒2～3天，晾晒时鳞茎要用叶遮住，只晒叶、不晒头，可促进鳞茎的后熟，并使外皮干燥。而后剪掉须根、枯叶，除去泥土即可贮藏（图45）。

（2）玉米。玉米9月下旬至10月上旬用收割机收获，秸秆还田。

图45　洋葱收获

7.产量和经济效益计算

（1）计产方法与产量目标。以6行洋葱间套作2行玉米为例，洋葱的目标亩产是4 000千克，玉米的目标亩产是750千克。

（2）经济效益核算。①投入。玉米种子每亩2千克，按20元/千克计算，每亩约40元；洋葱种子0.4千克，按200.0元/千克计算，每亩约80元；化肥价格：氮肥（N）2.83元/千克，磷肥（P_2O_5）3.00元/千克，每亩约180元；每亩用水量按600米^3（含冬灌水120米^3）、0.30元/米^{3}计算，每亩成本约180元；机械动力成本每亩约100元；劳动力成本每亩约300元；地膜成本每亩50元。②产出。洋葱亩产4 000千克，按0.7元/千克计，每亩产值2 800元；玉米亩产750千克，按2元/千克计，每亩产值1 500元；秸秆每亩收益约100元。最终每亩总纯收益3 470元。

（四）大豆、玉米间作模式

大豆、玉米间作模式充分发挥了高秆粮食作物玉米的边行优势，以及大豆固氮增肥、低碳生产、低本高效的优势（图46）。玉米间作大豆对建立种地和养地相结合的生态型复合种植模式，增加土壤微生物的多样性，改善土壤质量，提高肥料利用率，促进农业可持续发展，提升宁夏大豆产量和粮食总产，保障区域及国家粮食安全等方面具有重要意义。

图46　大豆、玉米间作

1.土壤、气候及适宜种植区域

（1）土壤。大豆、玉米间作模式适宜宁夏灌区的黄河灌淤土、南部绵土等。

（2）气候。大豆、玉米间作模式适宜于宁夏＞10℃的有效积温3 000～3 300℃（灌区）和2 000～2 400℃（南部山区）的区域，无霜期140～160天。

（3）适宜种植区域。同马铃薯、玉米间套作模式。

2.整地及施基肥

（1）整地。秋季用深松机械深翻20～30厘米，灌足冬水。3月底至4月初，通过机械进行耙、耱、旋耕等作业，做到整地均匀、田面平整、土碎无坷垃，达到待播、易播状态。

（2）施基肥。以高效生物有机复合肥为主，两作物肥料统筹施用，底肥每亩施7～9千克纯氮肥、8～10千克纯磷肥、7～9千克纯钾肥。

3.品种选择及种植规格

（1）品种选择。大豆选用耐阴、耐密、抗倒、株高和生育期适宜的高产良种，如中黄30；玉米选用叶片上举的紧凑或半紧凑型、耐密、抗逆的高产良种，如先玉335。

（2）种植规格。采用大豆（2行）、玉米（2行）宽窄行种植。大豆、玉米均扩行距缩穴距，宽行170厘米，窄行30厘米，大豆、玉米间距70厘米（图47）。

4.播种

当土壤表层5～10厘米地温稳定在10℃以上时播种。播期为4月15～25日，用2BMZJ-4大豆、玉米一体播种机同期精量播种。

大豆、玉米适宜的播种深度，根据土壤质地、墒情和种子大小而定。大豆播深一般4～6厘米。

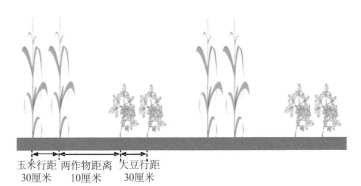

玉米行距 两作物距离 大豆行距
30厘米　　10厘米　　30厘米

图47　大豆、玉米间作种植规格

5.田间管理

（1）间苗。大豆分枝期进行间苗、定苗，大豆每亩保苗10 000株左右（株距7厘米）；玉米每亩保苗6 000株左右（株距11厘米）。

（2）除草。播后苗前每亩用50%乙草胺乳油150 ～ 200毫升，或90%乙草胺乳油100 ～ 120毫升，对水15 ～ 20升均匀喷雾。大豆、玉米出苗后的除草主要通过中耕完成或定向喷雾完成（图48）。

图48　除　草

（3）病虫害防治。大豆、玉米间作模式中，红蜘蛛病害可采用氧乐果乳油、阿维·哒螨灵、阿维菌素和阿维·苯丁锡等药剂混合防治（图49）。

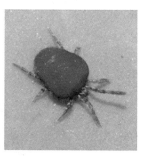

大豆蚜　　　　　　　　　红蜘蛛

图49　大豆、玉米间作主要害虫

（4）化控技术。大豆初花期每亩用5%烯效唑可湿性粉剂25克，对水25升喷雾，大豆盛花期再施一次。

（5）追肥。在玉米大喇叭口期每亩追施8～10千克氮肥，施肥位点可选择靠近玉米行15～30厘米处。

6.收获

（1）大豆。9月下旬，当大豆茎秆呈棕黄色，有90%以上叶片完全脱落、荚中籽粒与荚壁脱离、摇动时有响声，是大豆收获的最佳时期，用大豆联合收割机收获大豆（图50）。

（2）玉米。9月下旬至10月初大豆收获后，机械收获玉米。

图50 大豆、玉米间作收获前的情景

7.产量和经济效益计算

宁夏灌区大田生产，玉米平均亩产750 ～ 850千克；大豆平均亩产100 ～ 150千克，每亩大豆增收500元左右，增产增收效果显著。

（五）小麦、玉米间套作模式

小麦、玉米间套作是宁夏灌区的一种主要种植方式（图51和图52），通过立体复合种植，作物光温水肥利用效率高、时间长，可有效地解决宁夏地区热量一季有余、两季不足的问题，是宁夏粮食可持续增产的有力措施。

图51 小麦、玉米间套作

图52 宁夏沿黄灌区（宁夏吴忠）大面积
的小麦、玉米间套作种类模式

　　小麦、玉米间套作（当地习惯称麦套玉米）一般
小麦亩产在300～350千克，玉米亩产在600～650
千克，两种作物合计亩产接近吨粮或超吨粮。吨粮
田、超吨粮田的建设，是确保宁夏粮食安全的重要措

施。长期以来，小麦、玉米品种的选择，对于协调两作共生矛盾、保证两作均衡增产非常关键。

宁夏灌区的小麦、玉米间套作增产原理实际上和甘肃河西走廊的小麦、玉米间套作模式类似。

1.土壤、气候及适宜种植区域

（1）土壤。小麦、玉米间套作模式适宜在宁夏北部引黄灌区的轻壤土，pH在8左右，土层深厚、排灌设施良好的农田种植。

（2）气候。该模式适宜在北方地区推广。年有效积温在2 800～3 300℃、无霜期在180天左右。

（3）适宜种植区域。该模式适宜种植在沿黄灌区白银市的平川区、靖远县、景泰县，宁夏回族自治区的引黄灌区。

2.整地及施基肥

（1）选地、整地。选择田面平整、排灌条件较好、肥力中上的田块种植。小麦连作3年以上或灌水困难、盐碱重、土质过黏、过沙的地块则不宜种植。前作收获后及时耕翻并在11月上中旬适时冬灌，立春前后打耱保墒。于2月中下旬午后当土壤化冻8～10厘米时即可耙耱整地。

（2）施基肥。①施肥量。每亩施纯氮（N）8.7～12千克，磷（P_2O_5）4.6～6.9千克、钾（K_2O）1.8～3.6千克。化肥折合尿素每亩用量（含氮46%）15～20千克、磷酸氢二铵（含氮18%、纯磷46%）

10～15千克、氯化钾（含 K_2O 60%）3～6千克。若施用配方肥，氮磷钾施入量应达到基肥纯量施入水平，或以化肥补足。②施肥方法。可于春季耙前施肥。

3.品种选择与种植规格

（1）品种选择。小麦品种选用宁春4号、宁春50号、宁春53号，亩播种量在20～22.5千克，播种量接近单种小麦的种植密度。

玉米品种选用正大12、沈单16号、先玉335、宁单11号，株距为18～20厘米，达到大穗型玉米品种，亩种植3 500～4 000株，密穗型玉米品种亩种植4 000～4 500株。

（2）种植规格。小麦、玉米间套作模式中小麦种植带型主要是12行小麦带型，近年来为了便于机械收割，新型播种机也有14行的小麦带型；为了便于小麦收获后在麦带内复种青贮玉米或进行小麦良种的繁育，也有20行小麦或便于大型机械作业种植的24行小麦的带型。可见，在带型选择上，需结合生产目的、机械化作业条件、成本和效益等方面综合考虑。

小麦采用宽窄行种植有利于中后期群体的通风透光、提高光合效率和增强群体的抗倒伏、抗病能力。通常宽行采用17厘米的行距种植，窄行采用8厘米的行距种植，较12.5厘米或15厘米的等行距小麦种植具有明显优势。因此，对于12行宽窄行种植的小麦，其带宽（小麦麦带两个边行小麦间的距离）应为133厘米。

玉米种植的带型生产上主要以2行或3行玉米的带型较多。玉米行与小麦行的种植距离为20厘米，玉米行间距为30厘米，株距18~25厘米，依据品种密度确定株距。玉米株距（厘米）计算公式如下：

$$株距 = 666.7 \times \frac{玉米带宽}{间套作体系带宽} \times \frac{玉米种植密度}{每带玉米行数}$$

试验结果表明，小麦中间套作玉米，玉米行与小麦行间距需保证在18厘米以上，才能使玉米前期的生长受小麦的影响最小。3行玉米种植时，玉米行距小麦行的种植距离为20厘米，玉米行间距为25厘米。近年来，为了在小麦、玉米间套作中进一步提高玉米单产，也有将3行套种玉米行间距改为30厘米，以减小玉米边行对中间行的影响，达到增产的目的（图53）。

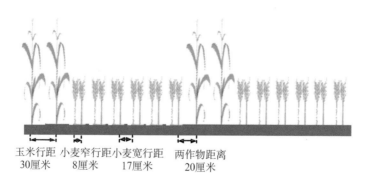

玉米行距　小麦窄行距　小麦宽行距　　两作物距离
30厘米　　8厘米　　17厘米　　　　20厘米

图53　小麦、玉米间套作种植规格

4.播种

（1）小麦。小麦应在2月底3月初顶凌播种。一般银川以南在3月10日前完成播种；银川以北在3月

15日前完成播种。适宜每亩播种量在20～22.5千克，带种肥磷酸氢二铵10千克。播深3～5厘米，要求深浅一致、落籽均匀，播后应视墒情耱田、保墒或镇压。预留玉米种植区的小麦田见图54。

图54　预留玉米种植区的小麦田

（2）玉米。玉米在小麦出苗显行后（4月10～15日）播种。

播种深度以5～7厘米为宜，需播于湿土上，踏实保墒，确保全苗。也可采用2行或3行小型人力玉米播种器播种，可保墒且玉米出苗较好。玉米每亩适宜播种量在1.5～2千克，播种时每亩施种肥磷酸氢二铵≤5千克。种子与种肥要分离。

5.田间管理

（1）补苗和间苗。小麦遇春季潮水大或播后至小麦出苗前降雨，黏重土壤应注意出苗前及时破除板结，确保苗全。可结合旱追肥方式用播种机破除板结。

（2）除草。小麦主要除小麦田间双子叶杂草，在4月底用72% 2,4-滴丁酯乳油30克，对水30千克喷雾，并注意麦田野燕麦、田旋花等杂草的化学防除。

（3）病虫害防治。①小麦病虫害防治。蚜虫：密切注视蚜虫情况，拔节期麦二叉蚜的百株蚜量达5头，孕穗期百株蚜量达50头，抽穗期百株蚜量达250头时，亩用50%避蚜雾可湿性粉剂10～15克，或用2.5%溴氰菊酯乳油或20%氰戊菊酯乳油10～15毫升，对水30～40千克喷雾。小麦白粉病：坚持早防统治的原则，即在小麦二水前后早防，抽穗前后统防，防治指标为孕穗期病叶率达20%，扬花期到3叶期病叶率达10%时，亩用20%三唑酮乳油40克，或25%三唑酮可湿性粉剂30克，对水30～40千克喷雾。小麦锈病：抽穗前进行防治，用药同白粉病。②玉米。黏虫：亩用25%溴氰菊酯乳油或20%氰戊菊酯乳油10～15毫升，对水30～40千克喷雾。玉米螟：4月底前必须清除玉米秸秆，在大喇叭口期（6月下旬至7月上旬），用2.5%氯氟氰菊酯乳油10～15毫升，5% S-氰戊菊酯8～15毫升，拌20千克的沙土或炉灰制成毒土，对水则制成毒液，每株玉米用3～5克毒土或毒液灌心。红蜘蛛：每亩用40%氧乐果乳油50毫升加20%的三氯杀螨醇乳油50毫升，也可每亩使用20%甲氰菊酯乳油50毫升，对水喷雾，共防2～3次，10～15天防1次。

（4）追肥。①小麦。结合4月下旬小麦第一次灌水（俗称头水），每亩追施尿素10～15千克。②玉米。苗肥、穗肥、粒肥适宜比例为25%：50%：25%。苗肥于5月20前后，每亩追施尿素10～12.5千克；穗肥于6月下旬施用，每亩追施5～30千克尿素或60～70千克碳酸氢铵；粒肥于7月中旬（麦收后），每亩追施尿素10～15千克。

（5）灌溉。①小麦、玉米共生期灌水。一般生育期内灌4次水。4月下旬小麦第一次灌水（俗称头水），最迟应在5月1日前灌完。结合灌水每亩追施尿素10～15千克。在5月中旬灌二水，与头水间隔时间10～20天。在5月下旬至6月中旬灌三水和四水。后期灌水应注意天气变化，防止因灌水造成倒伏。②小麦收获后玉米灌水。玉米全生育期灌水5～7次。4月下旬第一次灌水，5月上旬第二次灌水，5月下旬至6月上旬（玉米苗肥）第三次灌水，6月下旬（玉米穗肥）第四次灌水，7月中旬（玉米粒肥）第五次灌水，7月底至8月上旬第六次灌水，8月底至9月初第七次灌水。

6.收获

（1）小麦。完熟初期收获，小麦茎叶全部变黄、茎秆还有一定弹性，籽粒呈现品种固有色泽，含水量降至18%以下。

（2）玉米。玉米须在9月底包叶全部变白，叶片发黄变干，籽粒表面光亮、变硬时及时收获。

7.产量和经济效益计算

（1）目标产量。小麦带宽以小麦带中边行小麦间距离计算；玉米带宽以玉米带中边行玉米间距离计算；总带宽为小麦带宽与玉米带宽之和。习惯上将小麦、玉米的整体占地面积称为毛面积，小麦、玉米产量计算以单位毛面积小麦、玉米产量计算。

（2）经济效益。一般小麦、玉米间套作的经济效益高于小麦或玉米净种的经济效益，但由于小麦、玉米间套作模式中玉米种植、小麦收获的人工成本及机械成本的快速上涨，效益优势已不明显。大面积测算，亩种植效益在350元左右。

（3）经济效益计算。需分别计算小麦、玉米产值，即小麦毛面积产量与小麦价格的乘积与玉米毛面积产量与玉米价格的乘积之和，小麦、玉米生产总成本包括种子、化肥、灌水、农药、机械、人工投入的直接成本和分摊的间接成本，总产值减去总成本即为纯收入。

（六）小麦、大豆间套作模式

小麦、大豆间套作模式（图55）能充分利用光、热、水、土资源；提高氮磷利用效率和减少氮磷肥料的使用，提高单位土地利用效率，对建立种地和养地相结合的生态型复合种植模式，增加土壤细菌群落的多样性，改善土壤质量，提高肥料利用率，促进农业可持续发展，提升宁夏大豆产量和粮食总产，保障区域及国家粮食安全方面具有重要意义。该模式种植方法简单、便于操作、适应性广、生产成本低，可作为种植业结构调整和发展高产优质高效农业的主导模式。

图55　小麦、大豆间套作

1.土壤、气候及适宜种植区域

（1）土壤。小麦、大豆间套作模式适宜宁夏灌区黄河灌淤土种植。

（2）气候。小麦、大豆套作模式适宜于宁夏＞10℃的有效积温3 000 ～ 3 300℃（黄河灌区），无霜期140 ～ 160天的地区。

（3）适宜种植区域。该模式适宜种植在甘肃和宁夏的沿黄灌区。主要指白银市的平川区、靖远县、景泰县的灌区，宁夏的黄河灌区等。

2.整地及施基肥

（1）整地。前作收获后及时用机械秋耕，耕深20厘米以上；平田整地，灌足冬水；早春顶凌耙耱1～2次，机械镇压保墒。

（2）施基肥。基肥以农家肥为主，增施磷肥，氮磷肥配合施用。结合秋季耕地每亩施农家肥3 000～4 000千克；小麦每亩带种肥磷酸氢二铵15～20千克、尿素2.5～3.5千克，大豆种肥每亩带磷酸氢二铵2～3千克。

3.品种选择及种植规格

（1）品种选择。为了更加有效地协调好小麦、大豆两作物共生期间的矛盾，小麦品种选择高产优质、茎秆直立、抗逆性强、丰产性好的品种，如宁春4号等；大豆选用中晚熟、茎秆直立、不易裂荚落粒、抗倒伏、丰产性好、高产、抗病虫的优良品种，如晋豆19号、中黄30、宁豆4号等。

（2）种植规格。小麦采用12行播种机播种，带宽140厘米，种12行，大豆采用3行穴播机播种3行。小麦每亩播种量25～30千克，每亩保苗35万株；每亩大豆播种量5～6千克，每亩保苗1.0万～1.2万株。套种大豆播种深度要达3～5厘米，否则小麦灌头水时影响出苗(图56)。

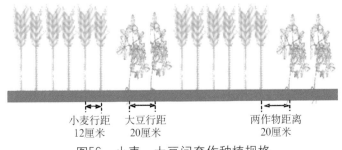

小麦行距
12厘米   大豆行距
20厘米   两作物距离
20厘米

图56 小麦、大豆间套作种植规格

4.播种

小麦3月上旬适期早播，并预留大豆播种带。大豆可适当推迟到4月15日左右播种，即小麦苗出齐出全后开始播种，力争小麦灌头水时大豆能全苗。

5.田间管理

（1）苗期管理。小麦苗期浅锄草松土，增温保墒，及时拔除田间大草，培育壮苗，大豆苗出齐后于4月下旬至5月上旬及时灌头水，结合灌水小麦带每亩追施尿素20千克，促进小麦生长。

（2）中期管理。小麦孕穗期于5月20日左右灌二水，6月中旬灌三水，小麦收获前10天灌四水，大豆带每亩追施尿素5千克。

（3）病虫草害防治。在大豆播种后拱土前的明草期，使用2,4-滴丁酯进行灭生性除草，可有效地提高对苣荬菜、刺儿菜、藜等多年生宿根性杂草的防效。小麦有潜叶蝇、黏虫、蚜虫危害时，可每亩用3%啶虫脒乳油15～20毫升、48%毒死蜱乳油67毫升、10%吡虫啉可湿性粉剂30～40克等农药，对水50千克均匀喷雾。防治大豆蚜虫同小麦蚜虫的防治。

在同时发生红蜘蛛的地区，以上药剂还可与1.8%阿维菌素乳油（每亩用量20毫升）混用兼防红蜘蛛。大豆食心虫可于每年8月8～12日成虫盛发期用敌敌畏熏蒸，或选用菊酯类药剂喷雾防治。药剂防治可与喷施叶面肥结合，一次性完成。

6.收获

（1）小麦。7月中旬小麦蜡熟后期用幅宽135厘米的小麦联合收获机及时收获。

（2）大豆。大豆收获适期应掌握在叶柄大部分脱落、豆荚变成熟色、荚粒摇动有响声时。籽粒充分晒干，待籽粒含水量降至15%以下，除去杂质后分级装袋，入库贮存。

7.产量和经济效益计算

小麦、大豆套作模式试验结果表明，间套作小麦亩产344.4～365.8千克，比单种小麦增产27.9～49.3千克，增产8.8%～15.57%。小麦、大豆间套作改善了田间小气候，促进了小麦生长发育。套种田两作物的混合产量比单种小麦增产30.92%，比单种大豆增产67.72%。

（七）黄花菜、大豆套作模式

黄花菜、大豆套作模式能充分利用光、热资源，提高氮磷利用效率和减少氮磷化学肥料的使用，降低黄花菜前几年的种植成本，建立种地和养地相结合的生态型复合种植模式。该模式种植方法简单、便于操作、适应性广（图57）。

图57　黄花菜、大豆套作

1.土壤、气候及适宜种植区域

（1）土壤。黄花菜、大豆套作模式对土壤条件要求不严，一般选用土层深厚的优质沙壤土地较为适宜，要求土壤团粒结构好、有机质含量高、背风向阳、排水良好的地块。

（2）气候。黄花菜、大豆套作模式适宜为≥10℃的年有效积温2 800～3 300℃，无霜期140～160天的气候。

（3）适宜种植区域。该模式适宜种植在沿黄灌区甘肃省白银市的平川区、靖远县、景泰县的灌区，以及宁夏回族自治区的沿黄灌区。

2.整地及施基肥

（1）整地。黄花菜是多年生植物，种植前需要深翻整地，以利于黄花根系生长。深耕25厘米以上，耕完后要精细耙糖，使土壤疏松、细碎平整，做到地平如镜、质地细腻、上虚下实。

播种大豆前根据当地的气候条件施入基肥后精细整地，尽可能的平整土地，使土壤松软，为大豆的生长创造良好的条件。灌水使用滴灌带的此时应该一次性铺设好滴灌带。

（2）施基肥。黄花菜扦插前结合深耕每亩施腐熟优质农家肥3 000～4 000千克，每亩施入基肥磷酸氢二铵15～20千克。大豆播种前结合整地每亩施入种肥磷酸氢二铵2～3千克。

3.品种选择及种植规格

（1）品种选择。黄花菜、大豆套作模式中黄花菜选用丰产性较好的大乌嘴。大豆品种选用中晚熟、茎秆直立、不易裂荚落粒、抗倒伏、丰产性好、高产、抗病虫的优良品种，如晋豆19号、中黄30、宁豆4号等。

（2）种植规格。黄花菜与大豆套种总带幅宽150厘米，比例为1：2，即1行（穴栽）黄花菜套作2行大豆。黄花菜每亩保苗4 000～5 000株，大豆保苗为2 200株。大豆与黄花菜间距为60厘米，大豆的株距40厘米，行距30厘米，每亩保苗2 200株，播深4～6厘米为宜。黄花菜的穴距为40厘米，行距为150厘米，每穴中黄花菜的株距为10～20厘米（图58）。

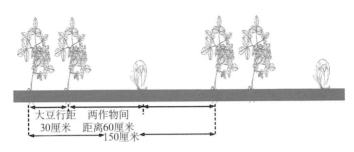

大豆行距 两作物间
30厘米 距离60厘米
150厘米

图58　黄花菜、大豆套作种植规格

4.播种

（1）黄花菜。①种苗采挖。黄花菜主要采用无性繁殖。种苗宜选用生长5～6年的苗株，要求苗株健壮、单株多蘖、无病虫。刨出1/3的老根，去掉烂根，留上边一层支根，每根有一个单芽（苗）即可。②适期移栽，合理密植。黄花菜一般在春秋两季移栽最好，秋季移栽时间在冬季土壤封冻前，即10月中下旬，春季移栽时间在4月中下旬。移栽方式是在整好的地块上采用人工将种苗每穴4个角各摆放1株（共4株），栽后覆土压实。栽培原则：浅不露根，深不埋心。每亩移栽4 000～5 000株为宜。

（2）大豆。①播种期。4月15～25日。②播种方式。根据黄花菜种植1.5米的空间行距来套作大豆，采用人工或机械进行播种。

5.田间管理

（1）间苗。大豆分枝期进行间苗定苗，大豆每亩保苗2 200株。黄花菜每亩保苗4 000～5 000株为宜。

（2）中耕除草。黄花套作大豆整个生育期，通常以中耕除草2～3次为宜，在杂草生长高度达到2～3厘米时，利用小型旋耕机在带间第一次进行旋耕除草，苗间杂草采用人工除草，以后根据杂草生长情况进行第二次或第三次除草，不提倡药剂除草。

（3）病虫草害防治。在大豆播种后拱土前，采用定向喷雾法（注意不要伤到黄花菜），用2,4-滴丁酯进行灭生性除草，可有效地提高对苣荬菜、刺儿菜、藜等多年生宿根性杂草的防效。

黄花菜的主要病害有锈病和根腐病。锈病防治用新高脂膜可湿性粉剂每亩60克进行叶面喷雾保护处理，若病情继续上升，喷洒97%对氨基苯磺酸钠可湿性粉剂每亩80克进行喷雾，连续叶面喷雾处理2次，间隔7天。根腐病防治可用75%敌磺钠可溶性粉剂500倍液随滴管灌根防治。

危害黄花菜的主要虫害是蛴螬、蚜虫和红蜘蛛。蛴螬主要危害黄花菜的根部，整地时用50%

辛硫磷乳油拌细土制成毒土或5%辛硫磷乳油、3%毒死蜱乳油每亩3千克施入土壤处理。蚜虫和红蜘蛛主要危害黄花菜的嫩叶，虫口密度达到20头/株时，选用吡蚜酮有效成分每亩15克或苦参碱有效成分每亩0.3克叶面喷雾处理，连续防治2～3次，间隔7天。

防治大豆蚜虫每亩用3%啶虫脒乳油15～20毫升、48%毒死蜱乳油60毫升、10%吡虫啉可湿性粉剂30～40克等农药，对水均匀喷雾。大豆食心虫，每年8月8～12日成虫盛发期用敌敌畏熏蒸，或选用菊酯类药剂喷雾防治，药剂防治可与喷施叶面肥结合，一次性完成。

6.收获

(1) 黄花菜。采摘季节一般为6～8月，采摘期40天左右，采摘时间为上午6时至11时为宜。采摘标准为花蕾形态饱满未开放，呈黄绿色，花瓣上纵沟明显，顶端乌嘴处似开未开。采摘的最佳效果为带花蒂，不带花梗，最好是茎梗和花蕾交接处断离。一般采摘应按照早熟先采、迟熟后采、每天按时采摘的原则进行。采回的花蕾及时蒸制，以防咧嘴开花，并及时晾晒。

(2) 大豆。收获适期应掌握在叶柄大部分脱落、豆荚变成熟色、荚粒摇动有响声时及时进行。籽粒充分晒干，待籽粒含水量降至15%以下，并除去杂质后分级装袋，才可入库贮存。

7.产量和经济效益计算

（1）目标产量。黄花菜：亩产鲜黄花800 ～ 1 000千克。大豆：亩产150 ～ 200千克。

（2）经济效益。种植黄花菜收入高（一般亩毛收入在5 000 ～ 10 000元）、易管理，是农民脱贫致富的好项目。可黄花菜一般在种植前几年的产值却非常低，特别是前2年内几乎没有收入。正是因为这个原因造成了很多农民不敢大胆地种植黄花菜。黄花菜套作大豆就是针对这个问题，解决了农民的后顾之忧。同时在这种模式下，种植大豆可以利用豆科作物改良土壤的特性，为黄花菜尽快进入高产期奠定基础。套作的大豆一般亩产120 ～ 140千克。可基本抵消种植黄花菜的投入成本。

（八）黄花菜、打籽西葫芦套作模式

黄花菜俗称金针菜，系百合科萱草属宿根多年生草本植物的花蕾，味鲜质嫩，营养丰富，含有丰富的花粉、糖、蛋白质、维生素C、钙、脂肪、胡萝卜素、氨基酸等人体所必需的养分，其所含的胡萝卜素甚至超过西红柿的几倍。黄花菜性味甘凉，有止血、消炎、清热、利湿、消食、明目、安神等功效，对吐血、大便带血、小便不通、失眠、乳汁不下等有疗效，可作为病后或产后的调补品。

黄花菜种植是宁夏回族自治区吴忠市盐池县和

红寺堡区近年来新发展的一个特色产业，该地区以其独特的地域和自然条件，使这里生产的黄花菜色泽亮黄、条干粗长，肉厚味醇、营养更为丰富，深受国内外消费者的青睐，具有较大的市场开发潜力。宁夏现种植面积有6万余亩。平均亩产鲜黄花800千克，亩产值达到5 600元，现市场供不应求。黄花菜的种植虽然有利于当地老百姓脱贫致富，拓宽收入渠道，可前3年的产值却很低，特别是第一年的亩收入几乎为零，第二年也仅仅为200元左右，种植的黄花菜一直到第三年以后的盛花期才有可能有比较好的产值。也就是说单种黄花菜虽然产值很高，但有一定的风险。

黄花菜套作打籽西葫芦（图59）就是充分利用当地的光、热资源，提高土地利用率，增加黄花菜前几年的亩收入，降低老百姓种植黄花菜的风险，

图59　黄花菜、打籽西葫芦套作

打消种植顾虑。这种种植模式操作简单，收入显著，适宜区域较广，是当代老百姓脱贫致富的好项目。

1.土壤、气候及适宜种植区域

（1）土壤。黄花菜、打籽西葫芦套作模式对土壤条件要求不严，但由于其喜温、喜光、好湿润等特性，宜选用土层深厚、土壤团粒结构好、有机质含量高、背风向阳、排水方便的优质沙壤土地。

（2）气候。同黄花菜、大豆套作模式。

（3）适宜种植区域。该模式适宜种植在沿黄灌区。主要是指甘肃省白银市的平川区、靖远县、景泰县的灌区；宁夏回族自治区的河套平原灌区和扬黄灌区。

2.整地及施基肥

（1）整地。扦插黄花菜前深翻整地，深翻土地有利于黄花菜根系生长也有利于套作打籽西葫芦，一般深度为25厘米。施入基肥后精细整地，尽可能的平整土地，使土壤松软、质地细腻、上虚下实，为黄花菜和套作打籽西葫芦的生长创造良好的条件。播种打籽西葫芦前根据当地的气候条件，为增加地温适当进行覆膜，覆膜最好使用黑色农膜。有的地区如果使用滴灌，为了降低成本，此时应该一次性铺设滴灌带和覆膜（图60）。

（2）施基肥。扦插黄花菜前亩施腐熟的优质农家肥4 000千克、磷酸氢二铵20千克、硫酸锌5千

图60　机械覆膜

克；前3年之内的黄花菜对养分需求较低，可以与套种的打籽西葫芦统一施肥，黄花菜到盛花期时喜肥、耐肥，尤其对氮磷钾肥的需求较多。在出苗至孕薹期，结合灌水每亩追施硝酸磷钾肥15千克；抽薹期，结合灌水每亩追施硝酸磷钾肥20千克；在花蕾期，结合灌水每亩追施硝酸磷钾肥15千克，同时根据黄花菜的生长情况可适量喷施磷酸二氢钾叶面肥。套作的打籽西葫芦，在整地覆膜和铺设滴管带前，可亩施磷酸氢二铵15千克、复合肥15千克。在打籽西葫芦出苗后，结合滴水每亩施尿素5千克和复合肥5千克。

3.品种选择及种植规格

（1）品种选择。黄花菜选用丰产性较好的大乌嘴品种，打籽西葫芦品种选用优质、高产的谷丰18号。

（2）种植规格。黄花菜、打籽西葫芦套作模式总带宽150厘米，比例为1：2，即1行（穴栽）黄花菜套作2行打籽西葫芦。黄花菜每亩保苗4 000～5 000株，打籽西葫芦每亩保苗2 000～2 200株。打籽西葫芦与黄花菜种植间距为60厘米，西葫芦的株距40厘米，行距30厘米。黄花菜的穴距40厘米，行距为20厘米，每穴中黄花菜的株距为10～20厘米。黄花菜与打籽西葫芦套作模式一般在黄花菜栽植后的第一、第二年采用的较多，因为该套作模式可以提高收入，降低种植黄花菜的成本和风险。当黄花菜进入高产期，一般不会再采用这种套种模式，否则会影响黄花菜的采摘和产量（图61）。

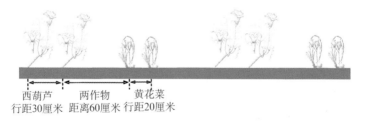

图61　黄花菜、打籽西葫芦套作种植规格

4.播种

（1）黄花菜。①种苗采挖。黄花菜主要采用无性
繁殖。种苗宜选用生长旺盛、单株多蘖、苗株健壮、
无病虫的多年生植株。黄花菜种苗一般选择种植时间
超过5～6年的健壮植株，将苗丛具有足够单株数或
种植密度过大的植株从田间完整掘起，并及时除掉根
须及根颈部泥土与枯叶，然后装袋备用。②切根、分
芽。将采挖起的苗丛抖去泥土，根据根部的自然分
蘖，按照自然根的长短切根、分芽（图62），每株要
分开，即每1～2个芽片为1丛，从母株上掰下，将
根颈下部生长的老根、朽根和病根剪除，做到每个
芽片带有1层支根或3～5条肉质根，根须长3～5
厘米，每层支根留一个单芽即可。③移栽时间。黄
花菜移栽时间一般在春、秋两季最好，秋季移栽时
间在冬季土壤封冻前，即10月中下旬，春季移栽时
间在4月中下旬。④移栽方式。在整好的地块，按照
行距150厘米，穴距40厘米，等直拉线用方头锹挖
出宽15～20厘米、深20厘米左右的穴，按照株距
10～20厘米，人工将种苗每穴摆放4株，呈四边形栽

植，栽后覆土、压实。栽培原则：浅不露根，深不埋心。⑤合理密植。每亩移栽4 000 ~ 5 000株为宜。

图62　黄花菜切根、分芽

（2）打籽西葫芦。①播种期。5月5 ~ 25日。②播种方式。根据黄花种植150厘米的空间行距来套作打籽西葫芦。采用覆膜播种的方式（有条件的地区整地时同时铺设膜下滴灌带）。用宽70厘米的薄膜覆膜，可用机械播种或人工播种，播种前将肥料用覆膜机施入土壤作为底肥，每亩施磷酸氢二铵15千克。播种不能太深，深度3厘米为宜，每穴1粒，破膜点播，上盖2厘米沙土。在出苗后，滴水施肥，瓜坐稳前，地不干旱可少浇水，瓜坐稳后，肥水不可缺，每亩施尿素5千克和复合肥5千克，并灌水，应间隔10天灌水1次，可显著增加产量和品质。

5.田间管理

（1）中耕除草。黄花菜整个生育期，通常以中耕除草2 ~ 3次为宜，在杂草生长高度达到2 ~ 3厘米时，利用小型旋耕机在带间第一次进行旋耕除草，苗间杂草人工除去，以后根据杂草生长情况进行第二次或第三次除草，不提倡药剂除草。打籽西葫芦在种植前就已经覆黑色农膜，后期的杂草会稍少一些，在后期管理中，还是要注意防除杂草。对一些没有覆膜的地区，打籽西葫芦从出苗到现蕾、开花期，在行间除草2～3次，前2次应深，以后除草要远离根系，浅耕避免伤根。

（2）病虫害防治。危害黄花菜的主要病害有锈病和根腐病。锈病主要危害黄花菜的叶片，病害流行初期，选用新高脂膜可湿性粉剂每亩60克进行叶面喷雾保护处理，若病情指数继续上升，喷洒97%对氨基苯磺酸钠可湿性粉剂，每亩80克进行喷雾，连续叶面喷雾处理2次，间隔7天。根腐病主要危害黄花菜的根部，引起根腐病的主要原因是土壤潮湿积水、高温高湿，根腐病防治可用75%敌磺钠可溶性粉剂500倍液随滴管灌根防治。不论病情轻重，到花蕾采收完毕，都要及时割叶培土，并将割下的叶片集中烧毁，除灭病菌。危害黄花菜的主要虫害是蛴螬、蚜虫和红蜘蛛。蛴螬主要危害黄花菜的根部，整地时用50%辛硫磷乳油拌细土制成毒土撒于地表或用5%辛硫磷乳油、3%毒死蜱乳油每亩3千克施入土壤处理。蚜虫和红蜘蛛主要危害黄花菜的嫩叶，虫口密度达到20头/株时，选用吡蚜酮有效成分每亩15克或苦参碱有效成分每亩0.3克叶面喷雾处理，连续防治2～3次，间隔7天。打籽西葫芦的主要病害是白粉病，在瓜坐稳后用吡萘菌酯或石硫合剂、中黄粉防治。主要虫害是蚜虫和地下害虫。针对蚜虫等地上部害虫用炔螨特、菊酯类杀虫剂喷雾。针对蝼蛄等地下害虫，用辛硫磷灌根。病虫害的防治要早观察、早预防。

（3）灌溉。黄花菜的根系粗壮，抗旱性较强，一般全生育期滴灌3次水即可。出苗到抽薹前，第一次灌水必须灌足；抽薹到采摘期进行第二次滴灌水；采摘到终花期滴灌第三次水，保持土壤湿润。采摘结束后应及时除草松土，延长功能叶生命，为翌年的丰产积累养分。与打籽西葫芦套种的黄花菜均为三年生以下的低龄黄花菜，一般没有特殊的水肥要求。打籽西葫芦出苗后，浇1次水。开花坐果期如果遇高温干旱天气，及时滴水，降低田间温度，促进坐瓜并提高植株抗性。瓜坐稳前，地不干旱可少浇水，瓜坐稳后，肥水不可缺，应间隔10天浇水1次。

（4）施肥。黄花菜喜肥、耐肥，尤其对氮磷钾肥的需求量较多，在出苗至孕薹期，结合灌水，每亩追施硝酸磷钾肥15千克；在抽薹期，结合灌水，每亩追施硝酸磷钾肥20千克；在花蕾期，结合灌水每亩追施硝酸磷钾肥15千克，同时根据黄花生长情况可喷施磷酸二氢钾叶面肥。施肥方法：沿黄花菜种植带两边，距黄花菜苗15～20厘米处，开一条沟，沟深约15厘米，将肥料按照每次每亩施肥的使用量均匀撒施在沟中，该施肥方法可起到培土作用，然后覆土灌水。有滴灌带的地区可以直接随灌水施入肥料。打籽西葫芦播种前在覆膜铺设滴灌带时就施入基肥，每亩施磷酸氢二铵15千克、复合肥15千克。出苗后，配合灌溉施肥；瓜坐稳后，肥水不可缺，每亩施尿素5千克。

（5）西葫芦授粉。葫芦是异花授粉作物，依靠蜜蜂等昆虫媒介传播花粉。在自然授粉的情况下，也可在花期田间放蜂，帮助授粉。坐果后，第一瓜尽早打掉，为了提高坐果率、增加单瓜籽粒数，还应增加授粉次数。

6.收获

（1）黄花菜。①采摘。黄花菜的采摘季节一般为6～8月，采摘期40天左右，采摘时间为上午6时至11时。采摘标准为花蕾形态饱满未开放，呈黄绿色，花瓣上纵沟明显，顶端乌嘴处似开未开。采摘的最佳效果为带花蒂，不带花梗，最好是茎梗和花蕾交接处断离。一般采摘应按照早熟先采、迟熟后采、每天按时采摘的原则进行。采回的花蕾及时蒸制，以防咧嘴开花。②制干。利用锅炉蒸汽蒸制。蒸制时先将锅炉里的水加热，然后将采摘的鲜黄花菜装入蒸筐中。每个蒸筐放5～6千克，厚度12～15厘米，要求中间略高，四周稍低，呈馒头状，再将中间轻扒个凹坑，要装得蓬松，以便受热均匀，成熟度一致。装好后，把蒸筐放在蒸房里，关上门，打开锅炉管道阀门，通过锅炉里的水产生蒸气，来提高蒸房的温度，当温度达到70～75℃时，维持3～5分钟即熟。看蒸筐里的黄花菜塌陷1/3时，颜色由淡黄转为青黄即可，再利用余热让花蕾产生一系列的生理变化，使熟度均匀、色泽一致，然后进行晾晒。晾晒方法有晒干、阴干和烘干，一般以晒干的色泽、品质较好。

（2）打籽西葫芦。①收获期。打籽西葫芦在9月下旬收获，主要是根据当地的实际气候条件及时采收，籽瓜采收太晚易烂瓜或使瓜肉发芽。②采收方法。主要是挖晒瓜籽，这个过程可用人工也可以采用机械的方式。籽瓜采收后，将其堆放在阴凉干燥处，后熟20 ~ 40天，可增产20%（图63）。

图63　打籽西葫芦收获

7.产量和经济效益计算

（1）目标产量。黄花菜的产量目标为：亩产鲜黄花800 ~ 1 000千克。打籽西葫芦的产量目标为：亩产干瓜籽150 ~ 180千克。

（2）经济效益。由于前几年的黄花菜没有收入，所以计算时成本投入为黄花菜与打籽西葫芦的成本之和，而收入只计算打籽西葫芦。黄花菜的投入成本有施肥、灌水、除草、农药的费用；打籽西葫芦的成本有种子、地膜、滴灌、农机、肥料、农药、灌水、收获人工等费用。总产值减去总成本即为纯收入。

种植黄花菜收入高（一般亩毛收入在5 000～10 000元）、易管理，是农民脱贫致富的好项目。可黄花菜一般在前几年的产值却非常低，特别是前2年内几乎没有收入。要想达到这么高的产值，种植的黄花菜一直要到第三年以后的盛花高产期才能实现。正是因为这个原因造成了很多农民不敢大胆地种植黄花菜。黄花菜套作打籽西葫芦模式下，虽然前几年黄花菜没有收入，但打籽西葫芦可以弥补一些成本投入。按照正常年份套作的打籽西葫芦一般亩产100～120千克，高产年份亩产可达150千克左右。按每13～15元/千克计算，每亩纯收入800～1 200元。